上海科技创新中心指数报告

2017

Shanghai Science and Technology Innovation Center Index Report 2017

上海市科学学研究所 著

学林出版社

PREFACE
前言

当前,上海正深入实施创新驱动发展战略,加快建设具有全球影响力的科技创新中心。为了更好地把握科创中心的形成与发展规律,及时客观地监测和评价科创中心建设的进程与成效,自2016年起,在上海市科学技术委员会的指导和支持下,上海市科学学研究所组织课题组,开展了上海科技创新中心指数的研究与编制工作。指数报告以翔实的数据统计分析为支撑,力求反映上海创新发展的主要特征、趋势与不足。《2017上海科技创新中心指数报告》是该系列报告的第2期。

本报告遵循"创新3.0"时代科技创新与城市功能发展规律,以创新生态视角,着眼于创新资源集聚力、科技成果影响力、新兴产业引领力、创新辐射带动力和创新环境吸引力"五个力",构建了包括5项一级指标,共计32项二级指标的上海科创中心指数指标体系,并以2010年为基期(基准值100),合成了2010年以来各年度的上海科技创新中心指数。

本期报告研究过程中首次开展了覆盖全球34个国家、地区,数百名科技企业高管及智库专家的问卷调查,并进行了全球主要创新城市之间的横向比较分析。

"上海科技创新中心指数"研究编制组
2017年9月

CONTENTS
目录

01 第一章
2017上海科技创新中心指数概览

08 上海科技创新中心指标体系框架

09 上海科创中心建设综合进展

10 2016-2017上海科创中心·年度聚焦

12 2017世界眼中的上海创新

18 上海与全球创新都市

23 差距与短板

02 第二章
创新资源集聚力

26 全社会研发投入持续增长

30 科技金融风生水起

34 人才高峰建设亟待加强

37 张江综合性国家科学中心建设全面部署推进

38 世界一流研发机构建设提速

03 第三章
科技成果影响力

44 高水平国际科技论文位居前列

49 专利产出全面提升

52 高校、科研机构影响力加快提升

56 顶尖科学家影响力稳步提升

59 重大科技成果奖励占比全国领先

04 第四章
新兴产业引领力

64 创新驱动实体经济提质增效回暖复苏

70 信息、科技服务业成为第三产业发展"领头羊"

74 生物医药产业在稳步发展中提速创新

78 知识经济特征进一步强化

05 第五章
创新辐射带动力

84　技术与产品输出能力进一步增强

89　外资企业总部、研发中心能级持续提升

91　上海企业加快全球创新布局

94　科技创新对外服务能力不断增强

96　全球创新显示度更加凸显

06 第六章
创新环境吸引力

102　全面创新改革试验系统推进

106　税收优惠扶助企业创新发展

108　众创空间为创新创业提供新天地

110　城市创新创业活力大幅提升

114　创新创业人才吸引力进一步增强

117　城市环境更具魅力

07 第七章
附件

121　指标解释

126　全球智库城市排名中上海的位置

01

第一章

2017上海科技创新中心指数概览

　　建设具有全球影响力的科技创新中心,既是国家战略,也是上海改革发展的必然选择。近年来,上海深入学习贯彻习近平总书记指示要求,根据国务院批准的《上海系统推进全面创新改革试验　加快建设具有全球影响力的科技创新中心方案》,建立健全工作机制,制定出台政策举措,大力推进科技创新,实施创新驱动发展战略。当前,上海创新生态持续完善,创新活力蓬勃发展,创新产出加快涌现,已进入加快建设具有全球影响力的科技创新中心的关键阶段。

上海要努力在推进科技创新、实施创新驱动发展战略方面走在全国前头、走到世界前列，加快向具有全球影响力的科技创新中心进军。

2030
形成科技创新中心
城市核心功能

2020
形成科技创新中心
基本框架体系

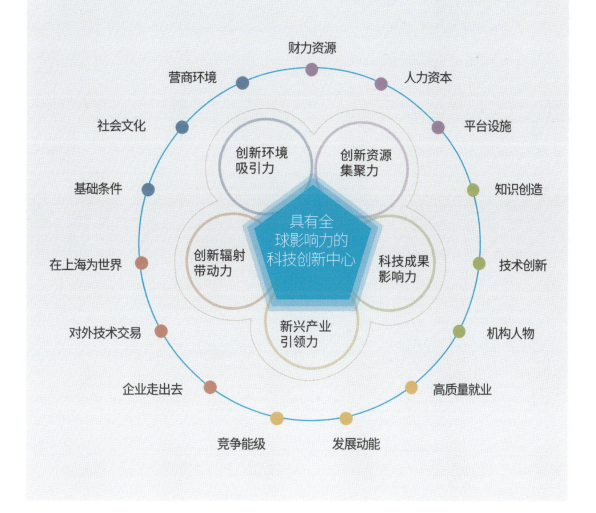

≫ 2016年的上海科技创新

注：括号内为2015年数据，带*为核心指标

 创新资源集聚力

 科技成果影响力

全社会研发经费投入相当于GDP的比例
3.72(3.65)**%***

国际科技论文收录数
42902(34562)篇

规模以上工业企业研发经费与主营业务收入比
1.43(1.39)%

国际科技论文被引用数
1341821(1582577)次

劳动力人口中接受过高等教育人口的比重
36(31)%

PCT专利申请量
1560(1060)**件***

每万人R&D人员全时当量
76(72)**人年***

每万人口发明专利拥有量
35.2(28.0)**件 ***

基础研究占全社会研发经费支出比例
7.4(8.2)**%***

国家级科技成果奖励占比
18.3(16.6)%

创业投资及私募股权投资(VC/PE)总额
638.24(1383.52)亿元

500强大学数量及排名合成指数
4.05(4.48)

国家级研发机构数量
149(146)家

 新兴产业引领力

科研机构高校使用来自企业的研发资金
38.26(32.58)亿元

全员劳动生产率
20.67(18.81)**万元/人***

信息、科技服务业营业收入亿元以上企业数量
999 (719) 家

知识密集型产业从业人员占全市从业人员比重
26.9 (24.2) %

知识密集型服务业增加值占GDP比重
34.13 (31.71) %*

战略性新兴产业增加值占GDP比重
15.2 (15.0) %*

技术合同成交金额
822.86 (707.99) 亿元

每万元GDP能耗
0.43 (0.44) 吨标准煤

创新辐射带动力

外资研发中心数量
411 (396) 家

向国内外输出技术合同额占比
69.1 (53.3) %*

上海企业对外直接投资金额
251.29 (166.36) 亿美元

财富500强上海企业入围数及排名合成指数
8.59 (8.52)

高技术产品出口额占商品出口额比重
43.1 (43.7) %

创新环境吸引力

环境空气质量优良率
75.4 (70.7) %

研发费用加计扣除与高企税收减免额
259.0 (264.5) 亿元

公民科学素质水平达标率
19.97 (18.71) %

新设立企业数占比
19.7 (19.7) %*

在沪常住外国人口
17.6 (17.8) 万人

固定宽带下载速率
14.03 (11.31) Mbit/s

》上海科技创新中心指标体系框架

一级指标	二级指标

上海科技创新中心指数

创新资源集聚力

二级指标	
全社会研发经费支出相当于GDP的比例	★
规模以上工业企业研发经费与主营业务收入比	
主要劳动年龄人口中接受过高等教育人口的比重	
每万人R&D人员全时当量	★
基础研究占全社会研发经费支出比例	★
创业投资及私募股权投资(VC/PE)总额	
国家级研发机构数量	
科研机构高校使用来自企业的研发资金	

科技成果影响力

二级指标	
国际科技论文收录数	
国际科技论文被引用数	
PCT专利申请量	★
每万人口发明专利拥有量	★
国家级科技成果奖励占比	
500强大学数量及排名合成指数	

新兴产业引领力

二级指标	
全员劳动生产率	★
信息、科技服务业营业收入亿元以上企业数量	
知识密集型产业从业人员占全市从业人员比重	
战略性新兴产业增加值占GDP比重	★
知识密集型服务业增加值占GDP比重	★
技术合同成交金额	
每万元GDP能耗	
外资研发中心数量	

创新辐射带动力

二级指标	
向国内外输出技术合同额占比	★
高技术产品出口额占商品出口额比重	
上海企业对外直接投资金额	
财富500强上海企业入围数及排名合成指数	

创新环境吸引力

二级指标	
环境空气质量优良率	
研发费用加计扣除与高企税收减免额	
公民科学素质水平达标率	
新设立企业数占比	★
在沪常住外国人口	
固定宽带下载速率	

注释:加★指标为核心指标

>> 上海科创中心建设综合进展

　　上海科技创新中心指数分值的变化反映了近七年来上海科技创新发展的总体进程。整体上看,指数综合分值呈现稳步增长趋势,特别是2014年习近平总书记对上海提出"加快向具有全球影响力的科技创新中心进军"的要求以来,指数呈现加速提升趋势。

　　2016年,科创中心建设全面推进,取得突破性进展。以2010年为基期100分起计,2016年指数综合分值达到了224.9,比上年增长22.7%,呈历年最高增幅。科技创新成果显示度明显增强(全国30%的顶尖科研成果由上海创造;超过30%的国家一类新药创自上海;PCT专利年度申请量增速达到47%)。创新驱动发展成效加快显现(2008年以来GDP增速首次超过全国,经济发展的质量和效益加快提升;集成电路设计业产值规模首次成为产业链龙头;信息传输、软件和信息技术服务业增速超过金融业,首次成为第三产业领头羊)。

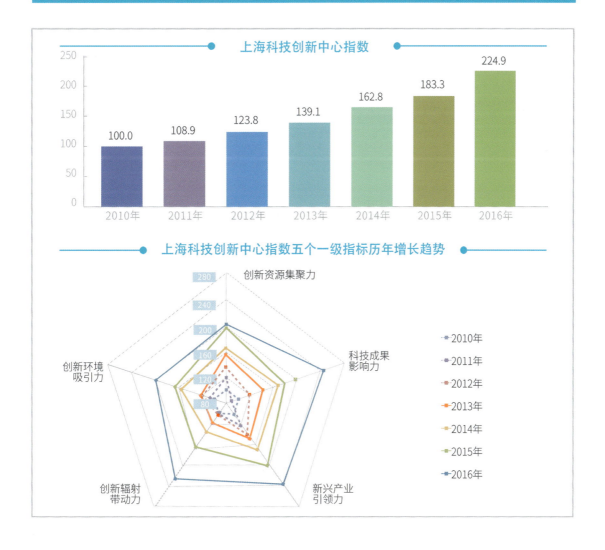

2016—2017 上海科创中心 · 年度聚焦

吹响全面创新改革试验号角

2016年4月12日，国务院正式发布《上海系统推进全面创新改革试验 加快建设具有全球影响力的科技创新中心方案》。方案以推动科技创新为核心，以破除体制机制障碍为主攻方向，系统推进全面创新改革试验。这意味着上海已成为全国创新改革试点最密集、最前沿的地区。

全国三分之一顶尖科研成果由上海创造

2016年，上海科研人员共计在国际顶级学术期刊《科学》（Science）上发表论文19篇，占全国的26.4%；在《自然》（Nature）上发表论文15篇，占全国的50.0%；在《细胞》（Cell）上发表论文5篇，占全国的35.7%。

信息服务业发展异军突起

信息传输、软件和信息技术服务业已经从此前的"黑马"，变为真正的第三产业发展"领头羊"。2016年上海该产业增加值高达1618.58亿元，增长15.1%，比上年提高3.1个百分点，第一次超过金融业，成为上海第三产业中增速最快的行业。

创新创业热度居全国首位

2016中国创新创业大赛上海赛区共有6921家小微企业和团队参赛，是2015年的2.3倍，数量居各省市之首，占全国四分之一。2016年上海创新创业大赛参赛项目体现出高科技、国际化的鲜明特点，参赛项目"硬科技"类占比为66%，超过五分之一的创业团队具有海外背景。

全市发明专利拥有量大幅度增长

截至2016年末，上海全市有效发明专利达85049件，较2015年末增长21.5%；上海每万人口发明专利拥有量35.2件，仅次于北京，排名全国第二位。2016年全年上海发明专利授权量共计20086件，较2015年增长14.1%。

科技金融蓬勃发展

2016年1—12月，上海披露信息的投融资事件共有727起，位居全国第二，涉及电子商务、智能硬件、先进制造等多个领域。2016年，上海共有60家私募/风投投资企业成功上市，数量超过2013—2015三年的总和。截至2016年底，上海科创板开盘一年以来，挂牌企业已达102家。

创新驱动上海制造重振辉煌

自2016年起，以战略性新兴产业为引领，上海制造业扭转了下跌势头，走出了亮眼的回升曲线。2016年全市规模以上工业总产值31082.72亿元，同比增长0.8%，其中战略性新兴产业产值同比增长1.5%。2017年上半年，上海规模以上工业总产值16013.30亿元，同比增长8.2%，战略性新兴产业产值同比增长6.8%。

企业创新纷纷"扬帆出海"

2016年，上海企业实际对外投资251.29亿美元，同比增长51.7%，占全国14.7%，位居首位。其中，科学研究和技术服务业、信息传输、软件和信息技术服务业、制造业实际对外投资共计85.7亿美元，同比增长57.4%。全年上海企业共实施境外并购项目161个，涉及信息技术、生物医药、互联网等领域。

高校院所成果转化股权激励成功"破冰"

2016年，经过市有关部门积极的探索、协调和实践，先后打通了科研成果作价入股过程中的公司注册、股权变更、税收优惠等关键环节，实现了全国首例成果转化股权激励个人所得税递延缴纳。2017年上半年，上海出台了《上海市促进科技成果转化条例》和《上海市促进科技成果转移转化行动方案（2017—2020）》，为高校院所实施成果转化进一步明确了路径。

世界更看好上海的未来前景

毕马威于2016年9月至11月开展的全球技术产业创新调查中，来自15个国家的841位全球技术产业领袖认为，2020年上海最有可能成为仅次于硅谷的全球科技创新中心城市，其理由包括金融、高科技、信息产业和城市生活魅力。

上海当前位势：全球创新活跃城市和区域关键节点

根据我们面向跨国企业高级管理人员、海外智库知名专家等具有全球背景的创新领袖人士开展的问卷调查，受调查者中过半数认为上海当前属于全球创新活跃城市（Active City）之列，是全球创新网络中的区域关键节点（Node）。约15%受调查者认为上海目前已初具全球创新领袖城市（Global Leader）特征，在全球城市创新网络中位居枢纽（Nexus）地位；约15%受调查者认为上海是全球创新典范城市（Model City）和主要的国际创新集聚地（Hub）之一；还有约15%受调查者认为上海目前在全球范围内仍属于新兴（Upstart）和边缘（Outlier）的创新城市。

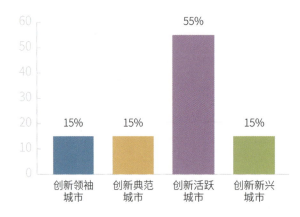

未来十年上海将成为全球最主要创新城市之一

过半数受调查者认为：未来十年上海将成为全球最主要的创新城市之一。约四分之一受调查者更乐观地认为，未来10年内，上海将成为全球最受关注的创新明星城市。还有22%受调查者认为十年后上海的创新地位不会有太明显的变化，或被其他新兴创新城市赶超。

未来十年的上海将成为：

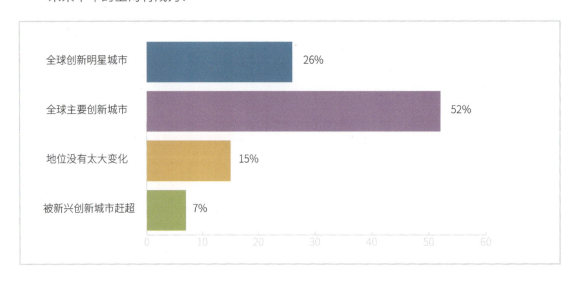

上海创新资源配置能力正从亚太级别向全球级别跃升

在所有受调查者中,认为上海对国际创业投资、风险投资等重要创新资源的集聚、管理和配置能力能够达到全球级和亚太级的各有30%。

当前上海科技创新能力领、并、跟跑比例约为1:5:3

根据受调查者对其所在行业、领域上海科技创新综合实力的判断,在超过10%的行业、领域,上海企业、科研机构的创新水平已经达到全球领先地位。在超过50%的行业、领域,上海是全球的主要创新竞争者之一。在不到30%的行业、领域,上海仍处于后发跟随者地位。

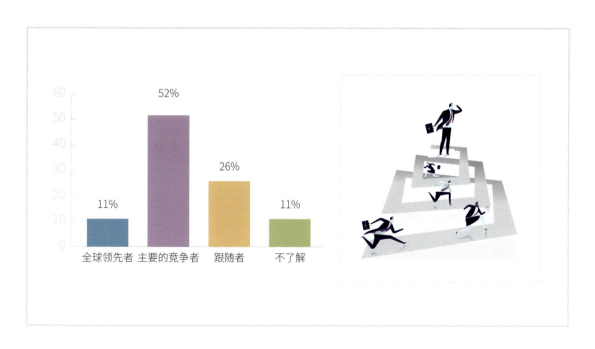

创新已成为上海经济发展中最重要的决定因素

全部受调查者中的74%认为,创新是上海经济发展中具有决定性意义的因素。其他重要因素还包括监管环境、产业政策、人力资源、投资、市场、知识产权保护和创业等。

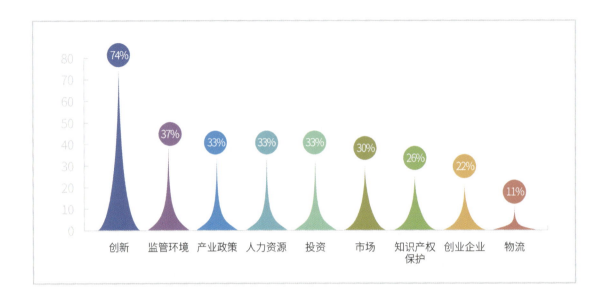

凭借城市魅力和创业机遇吸引全球创新人才

在关于国际创新人才选择上海作为工作和发展地的理由调查中,受调查者选择最多的原因是上海具有独特"海派"魅力的工作环境和生活方式,其次是上海提供的创新创业发展机遇。两者都得到了三分之一以上受调查者的认可。

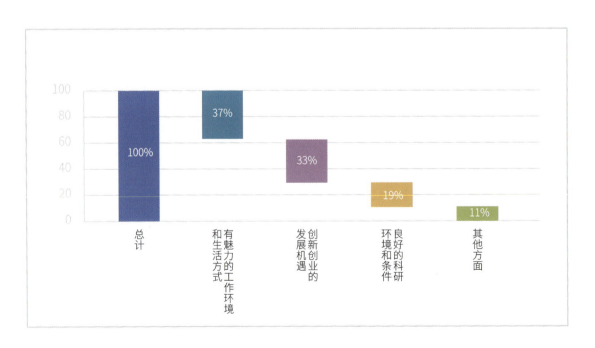

逐步走向国际科技创新交流合作舞台中心

关于上海在国际科技创新交流、合作中的参与度和地位,约有半数受调查者认为与全球主要城市相比,上海近年来扮演着活跃并吸引关注的角色。还有约40%受调查者认为上海是国际科技创新交流合作中积极的参与者。但绝大多数受调查者认为上海目前离国际科技创新领导者还有距离。

上海建设科创中心的突破口在于促进产学研结合

在关于上海科创中心建设核心要素的调查中,产学研结合成为第一选择,超过70%受调查者都认为大力支持高水平产学研合作是上海未来创新发展中的关键影响因素。优化新兴行业的市场准入规则、提升新兴技术的本土吸收能力、深度参与全球和区域经济合作等作为上海建设全球科创中心的关键因素也各受到了近半数受调查者的支持。受调查者提出较多的关键因素还有激励企业加大研发投入力度、营造更加多元包容的文化氛围和大力支持高端科技服务业发展等。

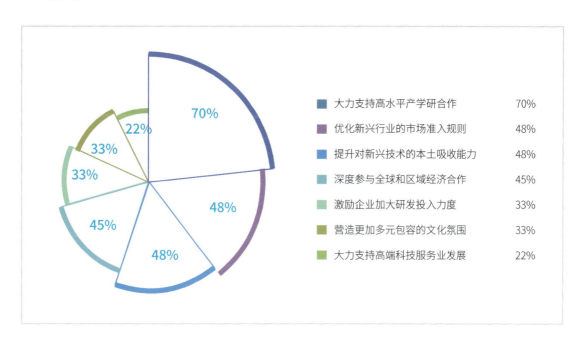

2017上海国际"创新印象"关键词

老龄化
发展速度
压力大
行政规范
发展不平衡
包容
交通枢纽
国际化
创业
文明
贸易
商务
效率
服务意识
宜居
发展速度
创新
科技
金融
发达
全球城市
公平
污染
标新立异
法制
交通枢纽
职业化
生活品位
规范
海派文化
人才集聚
服务意识
贸易
契约精神
人口压力
发达
基础设施
制造业

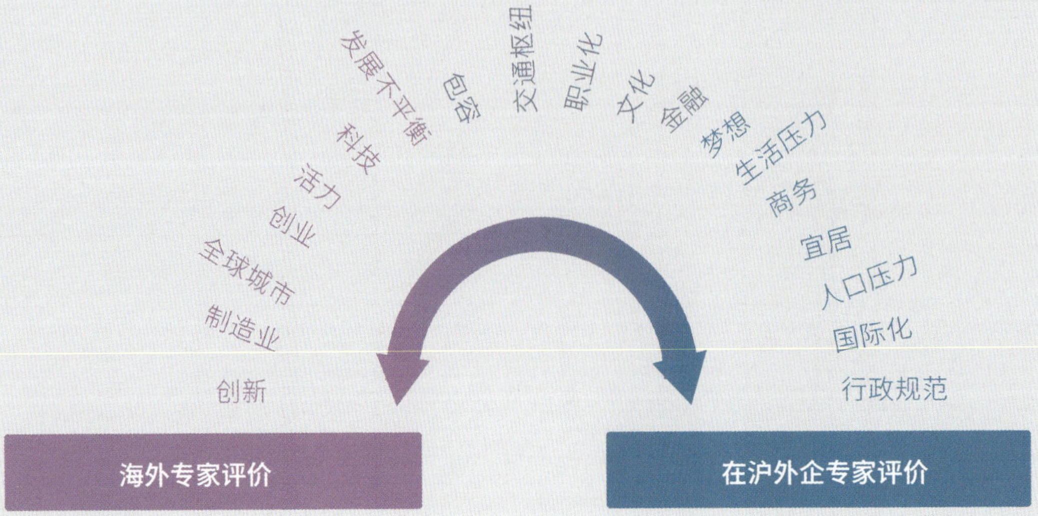

发展不平衡
科技
包容
交通枢纽
职业化
文化
金融
活力
梦想
创业
生活压力
商务
全球城市
宜居
制造业
人口压力
创新
国际化
行政规范

| 海外专家评价 | 在沪外企专家评价 |

在面向外资企业和国际专家关于最能体现上海城市核心特征的调查中,国际化、金融和商务成为受调查者选择中排名前三位的关键词,得票率分别是61%、54%和43%。创新和科技分别以32%和25%的得票率排在受调查者心目中上海核心特征的第四和第五位。其后依次是贸易、包容、规范、效率、职业化、交通枢纽和发展速度等。可见近年来,上海的科技创新国际影响力有了显著提升,科技创新已经与金融、商贸等共同成为上海的国际大都市重要名片。宜居、文明、海派文化、契约精神和生活品位等关键词得票率均超过10%,显示了上海建设全球科技创新中心的独特禀赋和"软实力"优势。但是另一方面我们也注意到:上海在梦想(7.1%)、创业(3.6%)等关键词上得票率较低,体现了上海本土创新创业在现阶段尚未得到充分关注和认可。

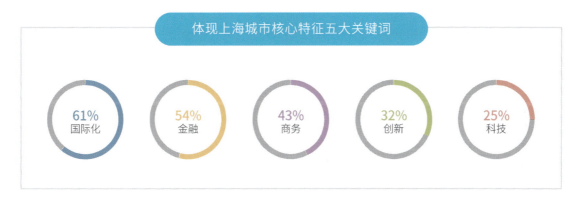

2020年最有可能的全球创新中心城市排名(不包括与硅谷地域相关的旧金山、洛杉矶)

(引自The Changing Landscape of Disruptive Technologies, Part 1. Global Technology Innovation Hubs, KPMG, 2017)

» 上海与全球创新都市

通过《专利合作条约》申请授权的国际专利（PCT专利）是在多个国家范围内受到保护的知识产权，城市拥有的PCT专利反映了全球化的知识资产水平。下图体现了上海、北京、深圳等20个全球主要创新城市在PCT专利方面的情况，其中柱状图体现了城市在2011—2015年间的PCT专利累计总量，散点图体现了PCT专利年度复合增长率。第19页图中代表不同城市的横条长度和颜色体现了城市2011—2015年间的PCT专利质量综合评分。可见，上海目前在PCT专利数量上处于全球主要城市排行中游地位，但近年来的专利增长速度亮眼，进入全球三甲之列。从专利质量上来看，上海与国际创新大都市相比尚有一定差距。

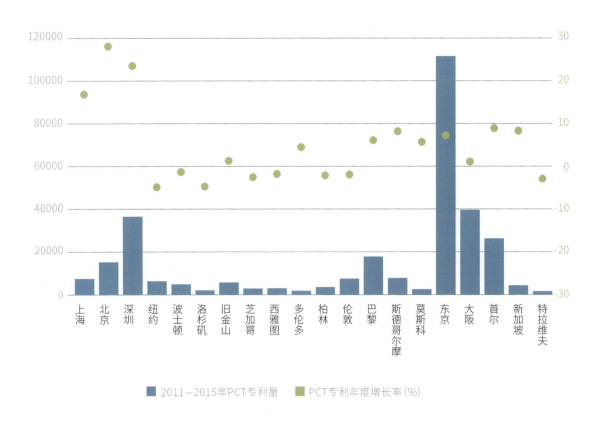

■ 2011—2015年PCT专利量　　● PCT专利年度增长率（%）

（数据来源：《2016国际大都市科技创新能力评价》）

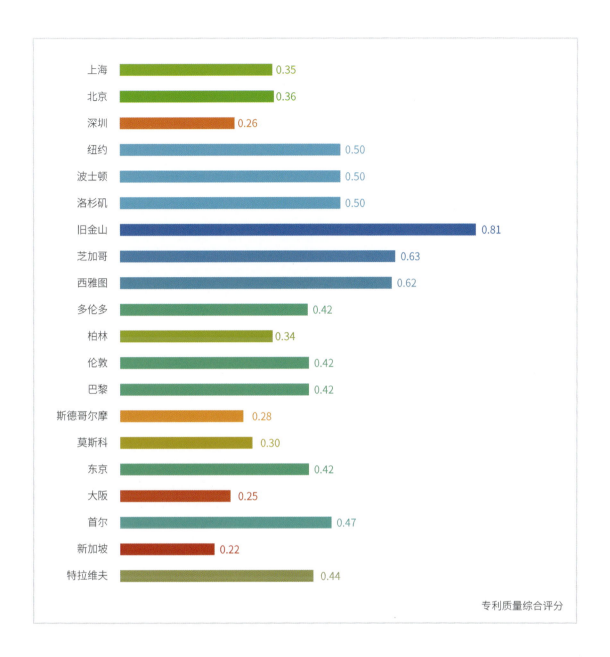

专利质量综合评分

低质量 --- 高质量

　　以等权重方法综合考虑全球同族专利平均规模、专利授权率、平均权利要求数量和平均被引数量这四个体现专利质量的指标,合成专利质量综合评分结果。

（数据来源:《2016国际大都市科技创新能力评价》）

PCT专利在不同技术领域的分布程度体现了城市的技术广度。与国内其他城市相比，上海的技术创新更加均衡全面。

全球20个主要城市平均技术覆盖度

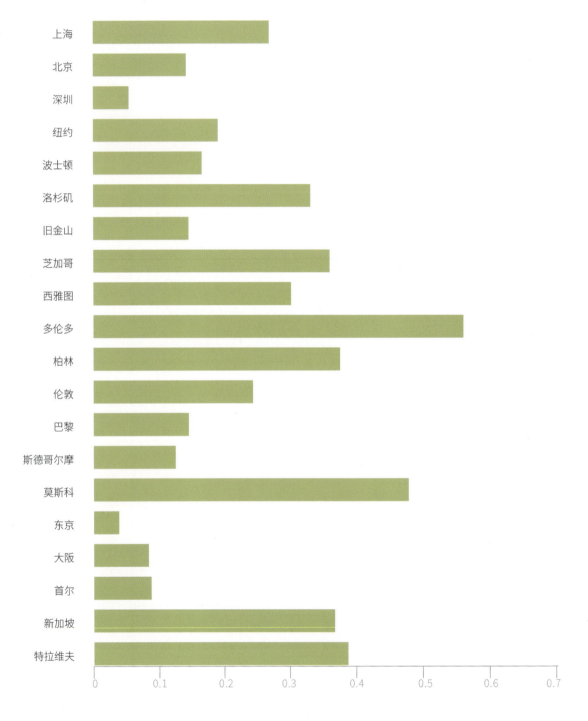

（数据来源：《2016国际大都市科技创新能力评价》）

上海、北京、深圳PCT专利技术领域分布情况

上海	北京	深圳
■ 通讯类	■ 通讯类	■ 电子设备类
■ 医药类	■ it类	■ 汽车制造类
■ 金融类	■ 金融类	■ 医药类
■ 电子设备类	■ 电子设备类	■ it类
■ 材料类		■ 生物科技
■ 家电类		
■ 机械类		
■ 制造类		

（数据来源：《2016国际大都市科技创新能力评价》）

五项新兴技术领域
10城市PCT专利情况

燃料电池　　立体显示　　石墨烯　　无人驾驶　　无人机

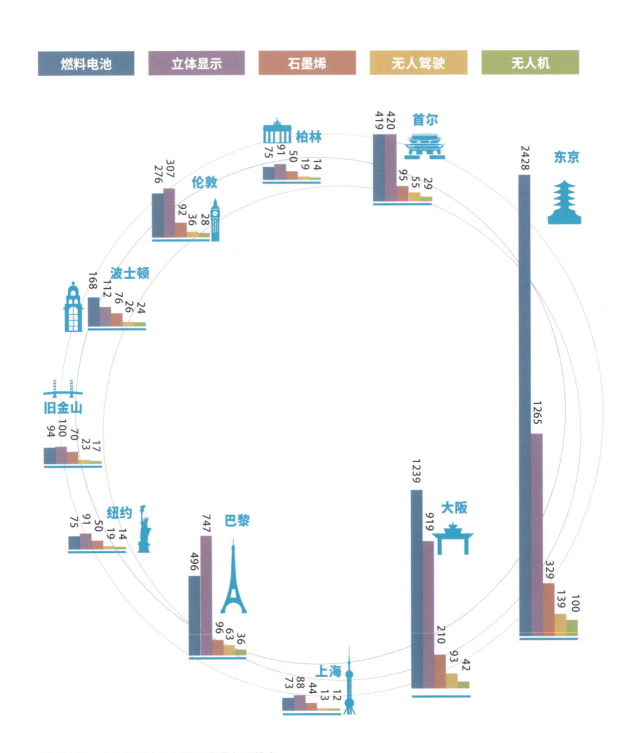

（数据来源：《2016国际大都市科技创新能力评价》）

01 引领行业、学科发展的顶级专家不足

上海已集聚积累了大量中高水平科研人员,但在决定学科、领域创新发展方向的少数顶尖专家层面,上海还缺少足够的竞争力。在汤森路透集团评选的2016全球"高被引科学家"3083人中,中国上榜175人,上海仅上榜11人(以所属第一机构为准),少于北京、香港。被誉为"诺贝尔奖风向标"的汤森路透引文桂冠奖(Citation Laureates),至今为止还没有上海得主。在人才"高地"基础上进一步加大力度建设人才"高峰",已成为上海建设全球科技创新中心和国家科学中心的迫切任务。

02 缺少具有全球影响力的创新型旗舰企业

上海PCT专利排名前20位的企业机构拥有的PCT专利数量加起来仅占全市PCT专利总量的15.73%,相比之下北京这一比例为43.27%,深圳是85.59%,纽约、伦敦、巴黎、东京等城市这一比例也都在40%以上。上海的企业技术创新力量相对薄弱和分散,缺乏旗舰型创新企业。《麻省理工科技评论》发布的"2017年度全球50大最聪明公司"榜单,上海无一家本土企业入围。上海规模以上工业企业研发经费与主营业务收入比例为1.43%,与微软14.6%、大众5.2%、丰田3.6%、华为15.09%、中兴通讯12.18%等相比仍有较大差距。

03 产业新兴热点技术领域的创新转化效率不高

根据对全球20个主要城市燃料电池、虚拟现实、石墨烯、无人驾驶、无人机等五项近年来激烈竞争的新兴热点技术领域PCT专利的统计,其中上海仅有两项技术PCT专利排名进入前十位,且排名相对靠后。这体现了上海在及时把握创新热点、引领行业创新趋势方面还存在差距,迫切需要进一步加强产学研合作,把前沿科研成果及时转化为创新竞争力。

02

第二章

创新资源集聚力

　　随着上海加快部署建设具有全球影响力的科技创新中心，近年来全社会对科技研发的投入力度持续加大，上海对全球高端创新资源的吸引力不断增强，正加速成为国际资本、人才、知识、设施等创新要素集聚和配置的中心。2016年，上海创新资源集聚力指数达到208.65（以2010年为100起计，以下相同），比上年提高4.67%。

≫ 2016核心数据

 上海全社会研发投入 **1049.32亿**元,比 2015年增长了**10.0%**

- 占GDP比重**3.72%**
- 企业研发经费投入占比**64.5%**
- 基础研究投入占比**7.4%**

- 上海共计获得国家自然科学基金委项目**3796**项,经费**22.68亿**元
- 全年VC/PE总额共**638.24亿**元

- 披露信息的投融资事件共**727**起
- **60**家私募/风投投资企业成功上市
- 科创板挂牌企业**102**家

- 每万人R&D人员全时当量为**76**人年
- 主要劳动年龄人口中接受过高等教育人口的比例达到**36%**

- 集聚了两院院士**170**人
- 中央"千人计划"**896**人
- 中科院"百人计划"**381**人
- 教育部"长江学者"**257**人
- 国家自科杰出青年基金资助**465**人
- 国务院特殊津贴专家近**万**人

- 上海共有**64**所普通高校
- **252**家独立科研机构
- **149**家国家级重点实验室、工程(技术)研究中心和企业技术中心**411**家跨国公司在沪研发机构
- 张江国家科学中心已建成世界级大科学装置**3**套,**6**套在规划和建设中

2016年,上海全社会研发投入达到1049.32亿元,比2015年增长了10.0%。过去五年,上海全社会研发经费支出规模逐年扩大,占GDP的比重从2012年的3.31%,快速提升到2016年的3.72%,大幅高于全国2.1%的比例,这不但体现了上海全社会对科技和创新的投入力度,也反映了上海经济发展方式向创新驱动的转型。按照上海市第十一次党代会报告提出的目标要求,未来五年,该比例至少要再提升0.2个百分点。按照上海经济预计保持在6.5%左右的年均增长速度,到2022年,如上海全社会研发经费支出相当于GDP的4%,那么研发投入绝对值就将达到1600亿元左右,在2016年基础上继续增加约55%。

2012—2016年及2022年(预计)上海全社会研发经费支出及其相当于GDP的比例

虽然上海近年来研发经费增长迅猛,但放在国际范围内比较,仍与全球科技创新中心的地位不相匹配。2015/16财年,全球企业研发投入排行榜前五位,每一家企业的年均研发投入都超过100亿欧元。如德国大众为136.12亿欧元(与上海2016年全市研发经费相当),三星电子为125.28亿欧元,华为公司排名第八,也达到了83.58亿欧元。

2016年全球研发投入前十名企业与上海全社会研发经费投入总量对比

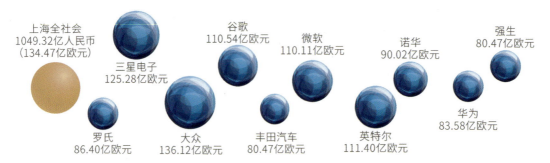

研发经费支出要发挥作用,不仅要看当年的投入力度,更要看一段时间内的持续累计投入。与其他省市横向比较2006—2016年间的研发经费累计投入,上海十年累计投入为6715亿元,约为深圳的1.4倍,总量与浙江相当,但明显低于北京、江苏和广东。其中江苏和广东(含深圳)约为1.2万亿元,是上海的1.8倍;北京约为1万亿元,是上海的1.5倍。

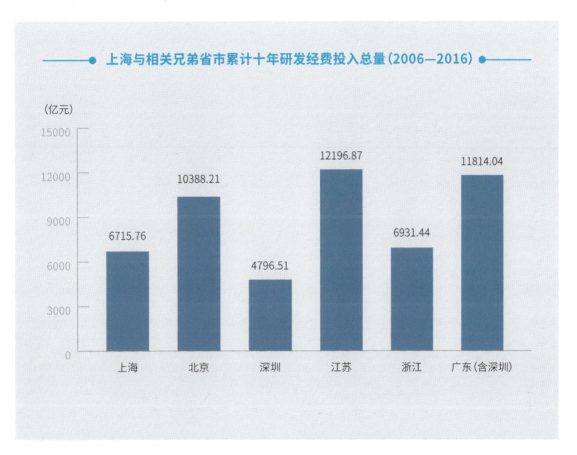

上海与相关兄弟省市累计十年研发经费投入总量(2006—2016)

从上海每年研发经费支出结构来看,有约2/3来自企业。2016年,上海规模以上工业企业研发经费与主营业务收入比例达到1.43%;科研机构、高校使用来自企业的研发资金38.26亿元,均为2010年以来的新高。但近年来上海企业研发经费投入在总量持续递增的同时增长速度却在下降,2016年,上海企业研发经费投入占全社会研发经费投入比重在连续两年下降后回升到64.5%,比2015年升高了3.7%,但仍显著低于全国约78%的比例。

上海规模以上工业企业研发经费与主营业务收入比例

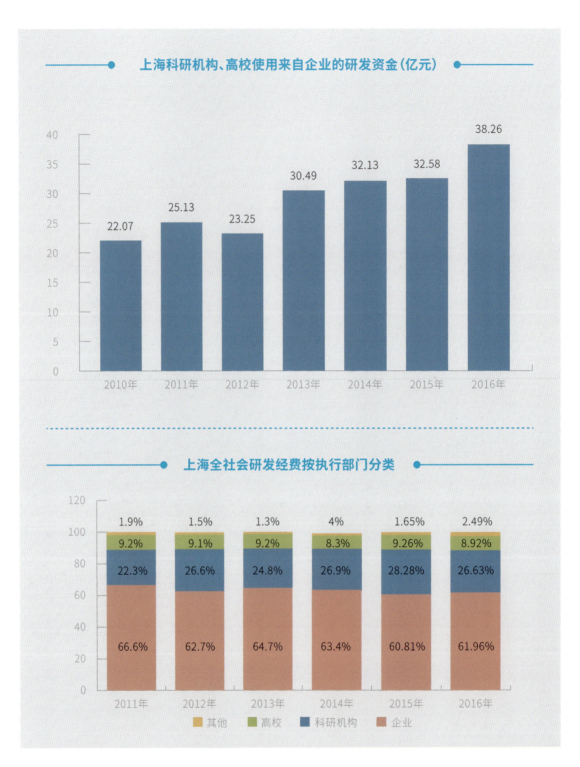

上海科研机构、高校使用来自企业的研发资金（亿元）

上海全社会研发经费按执行部门分类

其他 高校 科研机构 企业

研发经费投入按活动类型分，包括基础研究、应用研究和试验发展等。其中基础研究经费投入是增加原始创新供给、提升全社会创新能力的重要基础。2016年，上海全社会研发经费投入结构中，基础研究经费投入比例为7.4%，比2015年回落了0.8个百分点。根据上海市科技创新十三五规划，基础研究在全社会研发经费投入中的占比将力争提高至10%。如何将更多资金引导到基础、前沿科研领域，则是上海下一步发展中的重要任务。

上海近年基础研究经费投入情况

2016年1月—12月中旬,上海共计获得国家自然科学基金委项目3796项,经费合计22.68亿元。

2016年4月,《本市加强财政科技投入联动与统筹管理实施方案》发布,将全市19个市级科技专项优化整合为基础前沿类、科技创新支撑类、技术创新引导类、科技人才与环境类、市级科技重大专项等五大类,并纳入统一的财政科技投入信息平台管理。上海市级财政科技投入联动管理与统筹管理机制初步建立。

2016年，上海加快推进科技与金融紧密结合，探索开展科技金融服务创新，在争取新设以服务科技创新为主的民营银行、投贷联动试点、改革股权托管交易中心市场制度等方面开展先行先试，引导金融资源不断向科创企业集聚。2016年上海企业获得的风险投资（VC）和私募股权投资（PE）总额达到638.24亿元，其中VC投资182.31亿元，PE投资455.93亿元，总计比2010年增长了超过300%。

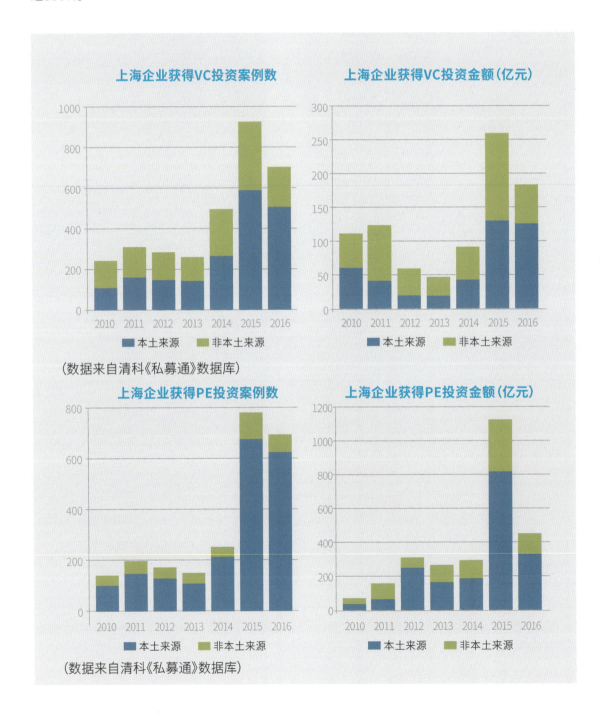

2016年，上海共有242家创业企业获得天使投资，总额19.84亿元。2016年，上海全市创业投资引导基金累计投资45家基金，参股基金总规模约190亿元，已累计投资项目610个。天使投资引导基金累计投资16家基金，参股基金总规模约18亿元，已累计投资项目300个。《上海市天使投资风险补偿管理暂行办法》于2016年2月1日起实施，规定对天使投资机构投资种子期科技型企业项目所发生的投资损失，可按不超过实际投资损失的60%给予补偿；对投资初创期科技型企业项目所发生的投资损失，可按不超过实际投资损失的30%给予补偿。

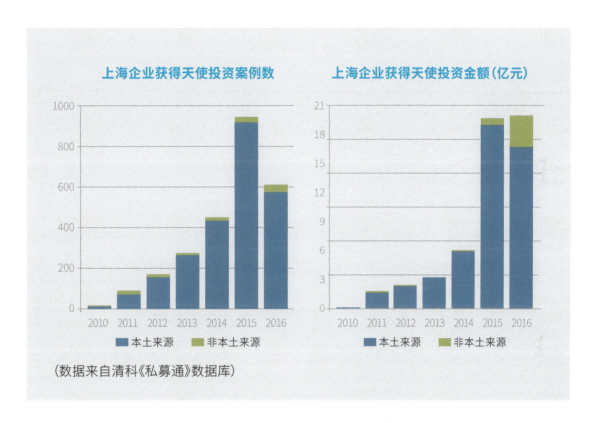

（数据来自清科《私募通》数据库）

2016年，上海进一步完善科技信贷体系，推进"微贷通""履约贷""创投贷"等"3+X"科技信贷产品体系建设。截至2016年10月底，"3+X"科技信贷体系累计为全市399家企业提供科技贷款16.2亿元。张江示范区作为全国五大试点地区之一，联合上海银行、华瑞银行和浦发硅谷银行等8家银行在全市开展投贷联动试点工作，深化"创投型"信贷机制创新。截至2016年底，共以"投贷联动"模式为240户科技中小企业提供25.11亿元的融资支持。

2016年6月2日，上海市中小微企业政策性融资担保基金挂牌成立，首期资金规模50亿元，着力打造覆盖全市的中小微企业融资担保和再担保体系。截至2016年11月底，担保基金已与19家银行签署合作协议，已完成担保项目411笔，贷款金额10.1亿元。

2016年1—12月，上海披露信息的投融资事件共有727起，位居全国第二，涉及电子商务、智能硬件、先进制造等多个领域。

2016年上海有代表性的创新投融资事件

1月

A 大众点评和美团网合并后的新美大宣布完成新一轮融资,金额超过33亿美元,创国内未上市公司融资和全球O2O领域融资最高纪录

B 找钢网宣布获得新11亿元战略融资,这是B2B行业里迄今为止规模最大的单笔融资

C 盛力世家宣布获得1亿美元C轮融资,由华人文化控股领投

2月

A 一站式宠物服务平台波奇网获得1.02亿美元C轮融资,由招商银行领投,B轮投资方高盛继续跟投

3月

A 生鲜电商"易果生鲜"宣布完成2.6亿美元C轮融资,据称是迄今为止生鲜电商行业最大的融资

B 天天果园完成D轮融资,金额超过1亿美元

4月

A 长租公寓运营商魔方公寓宣布完成C轮近3亿美元融资,领投方为中航信托,美国华平集团参与跟投

B 众包物流O2O企业达达配送获得C轮1亿美元融资,红杉资本和景林跟投

5月

A 短视频应用Musical.ly获得1亿美元C轮融资,估值达到约5亿美元

6月

A 专注新能源汽车的蔚来汽车获得联想集团1亿美元C轮融资

B 在线教育网站疯狂老师获得1.2亿元C轮融资,由景林领投,腾讯、元熙等继续跟投

7月

A 蚂蚁金服8.33亿元入主国泰产险,占股比例51%

B 航空企业"扬子江航空"获得海航9.152亿元人民币战略融资

8月

A 美妆品牌Memebox获得6600万美元C轮融资

9月	10月	11月	12月
A 中技控股公告以16.32亿元现金收购宏投网络51%股权	A 银联商务获3亿美元融资	A 二手车线上拍卖平台"天天拍车"宣布完成1亿美元C轮融资,投资方为兴业资管、高达投资、易车网、腾讯、软银中国及海纳亚洲等	A 网络视频内容制作公司兰渡文化完成5500万人民币C轮融资
B 邮人体育正式宣布获得微影资本领投、微赛体育跟投的近1亿元投资	B 华信证券以2亿美元并购大智慧		B 桌面型服务机器人科技公司归墟电子获得1000万人民币的Pre-A轮投资
C 台基股份公告以8.1亿元的价格收购润金文化100%股权			
D 熊猫TV完成了6.5亿元的A轮融资,估值为24亿元			

2016年,共有60家私募/风投投资企业成功在上海上市,数量超过之前三年(2013—2015)的总和。截至2016年底,上海科创板开盘一年以来,挂牌企业已达102家。

近5年国内私募/风投投资企业上市情况

香港　上海　深圳　纽约/纳斯达克　其他

2016年,张江示范区大力推进科技融资服务试点平台和企业信用管理服务试点平台建设。科技融资服务平台已在张江22家分园实现全覆盖,服务园区企业3.2万家,对接各类金融产品供应商2300余家。企业信用管理服务平台已在12家分园建立。为2.14万家企业建立信用档案,使用信用数据的用户1.6万家。

2016年,上海每万人R&D人员全时当量达到76(人年),约为全国平均水平的三倍,仅次于北京。其中,近70%的R&D人员在企业任职。

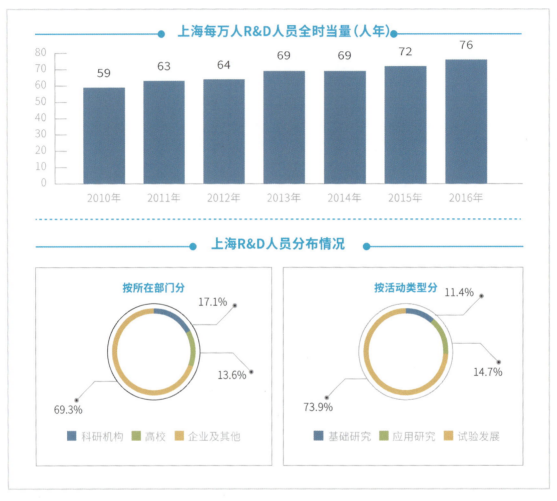

上海每万人R&D人员全时当量(人年)

上海R&D人员分布情况

按所在部门分

按活动类型分

2016年,上海主要劳动年龄人口(20—59岁)中接受过高等教育人口的比例达到36%,比2010年提升了12.6个百分点,高于全国平均水平约20个百分点,体现了显著的劳动力综合素质优势。

上海主要劳动年龄人口中接受过高等教育的比例

截至2016年底，上海拥有中国科学院和中国工程院院士170人；中央"千人计划"人才896人，其中"顶尖千人"3人、"外国专家千人计划"人才24人；"国家万人计划"人才196人，其中青年拔尖人才63人；中国科学院"百人计划"入选者381人，教育部"长江学者计划"支持的特聘教授257人，国家自然基金委员会"杰出青年基金"资助465人，"百千万人才工程"国家级人选371人；文化名家暨"四个一批"人才43人；国务院特殊津贴获得者近10000人。上海"领军人才"1292人，上海"千人计划"人才798人，首席技师1217人。

2016年，上海各项科技创新人才计划全面展开推进，立体式、多层次梯度资助体系不断完善。全年各类人才计划共计立项1071项。

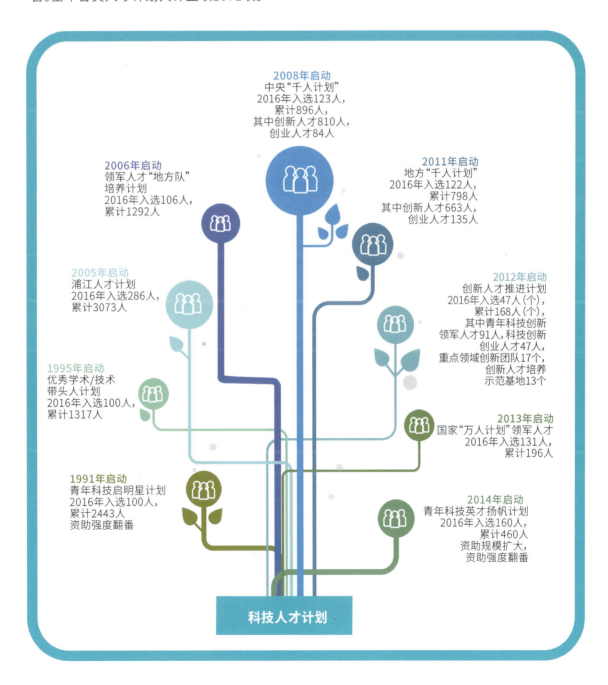

《2016上海经济发展报告》指出，目前上海的科技创新人才总人数比北京少10.7万人。分学历来看，上海本科学历的人才比北京少2.5万人，为北京的69.15%；上海硕士学历的人才比北京少3.86万人，为北京的49.6%；上海具有博士学历的高级人才比北京少3.8万人，仅为北京的37%。可见，上海在集聚高端科技创新人才方面还有较大空间。

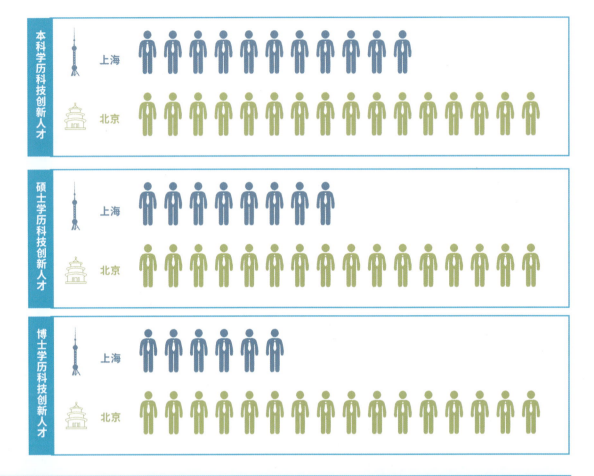

上海女科学家："她力量"绽放全球

　　根据2015年统计，上海科技工作者中女性的比例为48.1%，其中高级技术人员占37%以上。2016年3月25日，联合国教科文组织将"世界最具潜力女科学家"称号正式颁予华东理工大学化学与分子工程学院博士后、年仅29岁的"85后"应佚伦。2016年9月，全国妇联、中国科协、中国联合国教科文组织全国委员会组织选出了10位第十三届"中国青年女科学家奖"获奖者，其中上海有中科院上海生命科学研究院生物化学与细胞生物学研究所研究员陈玲玲、上海交通大学数学科学学院教授范金燕两人入选。

》 张江综合性国家科学中心建设全面部署推进

张江综合性国家科学中心是上海全面贯彻落实国家创新驱动发展战略、积极参与构建国家创新体系的重要基础平台。当前上海正在加快速度全面部署推进国家科学中心建设,到2020年,将形成国家科学中心基础框架,建成世界一流重大科技基础设施集群,构建跨学科、跨领域的协同创新网络,推动实现重大原创性科学突破。

张江综合性国家科学中心部署了"四大支柱"。第一大支柱是国家实验室,它以重大科技基础设施群为依托,是建设国家科学中心的核心力量和基础支撑。第二大支柱是创新单元、研究机构与研发平台,是建设国家科学中心的重要主体和载体。第三大支柱是创新网络,是建设国家科学中心的放大器和倍增器。第四大支柱是大型科技行动计划,是建设国家科学中心的巨大牵引力和推动力。

张江着力打造世界领先、高度集聚的大科学设施群,包括扩容升级上海光源、超级计算机,建设X射线自由电子激光、超强超短激光、活细胞成像平台、场发射透射电子显微镜、扫描电子显微镜、固(液)体核磁共振等新设施;最终形成一个包含各类先进光源与用户装置,蛋白质科学研究综合性基础设施,巨量数据存储、处理

和应用基础设施,以及生命科学、物质科学高端成像、表征及制备设备等在内的完整设施平台体系,全面提升研究优势。张江综合性国家科学中心已建成世界级大科学装置3套,6套在规划和建设中。预计建成后,部分设施性能将达到国际最前沿水平,上海张江地区有望成为世界上水平最先进、规模最大、集聚度最高的大科学设施集聚地。

截至2016年底，全市共计拥有64所普通高校、252家独立科研机构和149家国家级重点实验室、工程(技术)研究中心和企业技术中心。

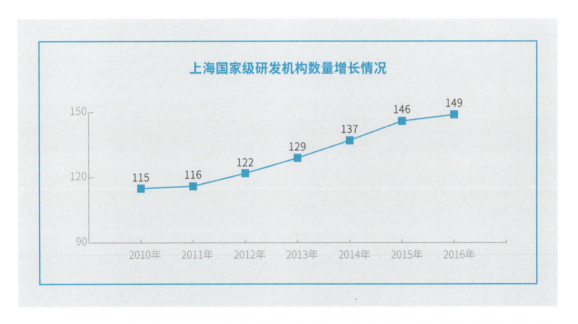

上海国家级研发机构数量增长情况

以培育良好创新生态为核心，近年来上海聚焦生物医药、新材料、新一代信息技术、先进制造等重点领域，加快布局一批多领域融合、多学科交叉、多功能集成的科技创新功能型平台建设，支撑引领行业科技创新发展。

2016年，上海微技术工业研究院致力于"超越摩尔"领域的微技术融合创新，参照比利时微电子研究中心(IMEC)模式，面向行业创新项目及创业团队提供前沿技术研发、设计、工程化测试与验证，以及创业孵化和投资等服务。已建立了SOI设计服务平台、MEMS-IC设计服务平台、硅光子集成公益平台、太阳能电池标准测试与校准公共服务平台和工程测试分析平台，8英寸研发中试线正在建设中。

上海微技术工业研究院建立平台	● SOI设计服务平台	● 太阳能电池标准测试与校准公共服务平台
	● MEMS-IC设计服务平台	● 工程测试分析平台
	● 硅光子集成公益平台	● 8英寸研发中试线正在建设中

全球创新网络
上海、硅谷、新竹、格勒诺布尔

技术方案
MEMS、RFIC、SOC、硅光子、功率器件、新能源、物联网方案

技资基金
新一代信箱技术物联网投资领域同华新微基金

项目孵化
配套设施
资源整合

产业信息平台
产业研究
会议与展览
人才培养

产业联盟
中国传感器与物联网产业联盟
"超越摩尔"产业联盟

知识产权服务
专利评估
专利分析
专利运营

设计服务
ASIC设计
MEMS设计
RF设计
SoC设计

工程服务
技术分析
测试服务
第三方认证

"超越摩尔"
研发中试线
先进研发设施

SITRI
全方位功能平台

2016年6月2日，上海石墨烯产业技术功能型平台正式启动。平台聚焦石墨烯/聚合物复合材料及其应用技术、石墨烯基热管理材料、基于石墨烯的储能技术与器件等3个重点领域，着力构建石墨烯产品中试、分析、检测、评估等核心服务能力，促进实验室成果向产业转化。目前平台已接受12个创新团队进驻，正式启动石墨烯防腐涂料、石墨烯导电剂、石墨烯导热硅脂等3个应用中试项目。

2016年9月27日，北斗导航产业领域创新功能型平台——上海北斗导航创新研究院成立。研究院旨在形成集资讯、研发、产业化、投资于一体的导航产业技术协同创新平台和创新加速体系，成为高精度导航位置服务产业技术的领军者。为实现这一目标，上海北斗导航创新研究院采取"E3+X"模式，集聚科技、投资、管理方面专家，为企业提供公共支撑环境，助力北斗导航产业能级提升。

2016年，上海产业技术研究院重点围绕数字服务、智能制造、绿色能源、生物医学等领域，打造科技成果转化和产业化平台。产研院集聚了共计66家产学研机构，2016年新增项目12项，项目经费2930.8万元，获专利授权6件。产研院聚焦民生需求，组建了"肿瘤精准医学临床转化联合实验室"，开展个性化诊疗及相关产品开发。

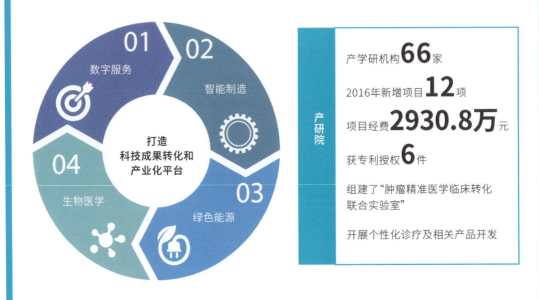

2016年10月1日,上海科技资源创新服务大数据中心全新上线试运行。中心以"一库两端三应用"为整体建设框架,形成科技资源和科技服务数据的仓库和枢纽。中心集成的数据信息资源包括16000多台大型仪器,30000多名人才,2000多家机构及20多万项科技服务项目等。

中心集成的数据信息资源

16000多台大型仪器　　30000多名人才　　2000多家机构　　20多万项科技服务项目

上海材料基因组工程研究院首批成员单位包括上海大学、复旦大学、华东理工大学、上海交通大学、上海材料研究所、中国科学院上海硅酸盐研究所、中国科学院上海应用物理研究所等7家高校和科研院所。研究院拥有包括12名两院院士在内的国内材料学领域顶级专家,致力于在材料基因数据库、集成计算与软件开发、高通量材料制备与表征、服役与失效机理及产业化探索等领域开展科学研究和技术开发。

03
第三章
科技成果影响力

近年来,上海原创的高水平科技成果不断涌现,在专利、论文、奖项等各方面都获得了量与质的双丰收,上海高校、科研院所和科研人员在全球科技创新版图中的地位不断提升,上海的科技创新影响力更加凸显。2016年,上海科技成果影响力指数达到245.21,比上年提高33.93%。

» 2016核心数据

国际科技论文收录量
42902篇

同比增长
24.1%

论文被引用数
1341821次

三年发表SCI、SSCI论文数量在全球20个主要城市中排名第**6**位，增长率排名第**2**位

在国际顶级学术期刊《科学》《自然》《细胞》共计发表论文**39**篇，占全国**1/3**

同比增长
14.1%

全年受理专利申请
119937件

同比增长
19.9%

获专利授权**64230**件

同比增长
5.9%

其中发明专利申请
54339件

同比增长
15.7%

其中发明专利授权量
20086件

同比增长
14.1%

有效发明专利拥有量
85049件

同比增长
21.5%

PCT国际专利申请量
1560件

同比增长
47.2%

每万人口发明专利拥有
35.2件

同比增长
25.7%

- 2016全球高校500强上海有**4**所高校上榜
- **24**人次入选汤森路透2016全球"高被引科学家"名单
- 科技部发布的2016年度中国科学十大进展中，有**5**项来自上海

2016年,上海国际科技论文收录量共计42902篇,比2015年增长24.1%。论文被引用数共计1341821次。

上海近年国际科技论文收录和被引用篇次

SCI收录科技论文是国际上通用的评价基础研究成果水平的标准。2015年,上海发表的SCI论文共计24838篇,在全国各地区中排名第3位,次于北京、江苏。其中,第一作者为上海的国际合著论文数5420篇,占全部论文的21.82%。按论文的第一作者第一单位统计,2015年上海交通大学共计发表SCI论文数6038篇,位列全国高校SCI论文排行榜首位,复旦大学排名第七。

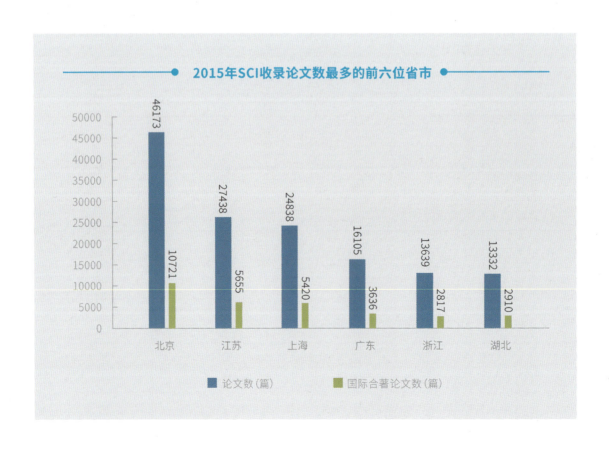

2015年SCI收录论文数最多的前六位省市

2015年国际论文数高等院校排名比较

按论文的第一作者第一单位统计			按论文的全部作者单位统计		
论文数	单位	排序	论文数	单位	排序
6038	上海交通大学	1	9594	上海交通大学	1
5977	浙江大学	2	8938	浙江大学	2
4769	清华大学	3	8141	清华大学	3
4171	北京大学	4	8140	北京大学	4
3962	四川大学	5	6582	复旦大学	5
3863	华中科技大学	6	6206	中山大学	6
3818	复旦大学	7	5730	四川大学	7
3662	吉林大学	8	5711	华中科技大学	8
3597	中山大学	9	5707	山东大学	9
3502	西安交通大学	10	5285	南京大学	10

注：以SCI数据库统计

根据科学引文索引数据库（SCI）、工程索引（EI）、科技会议录索引（CPCI-S）等收录情况统计，上海10年累计论文被引篇数和次数指标在全国各省市中均居第2位，仅次于北京。

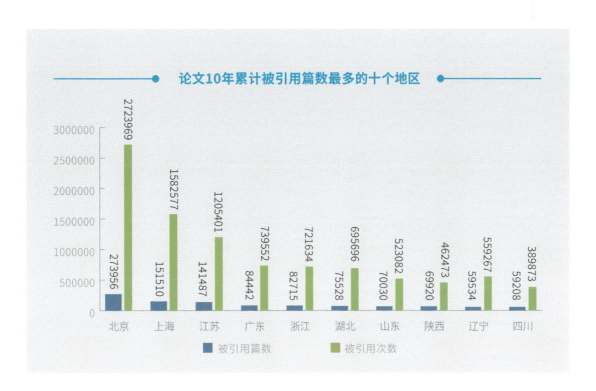

论文10年累计被引用篇数最多的十个地区

2016年，上海布局实施了脑科学、人类表型组、量子通信技术、材料基因组等一批重大战略科研项目，涌现出烷烃碳氢键不对称官能化新方法、冷原子研究、电催化分解水、构建全球首个自闭症非人灵长类模型等多项具有国际影响力的科技成果。全年上海科研人员共计在国际权威学术期刊《科学》(Science)上发表论文19篇，占全国的26.4%；在《自然》(Nature)上发表论文15篇，占全国的50.0%；在《细胞》(Cell)上发表论文5篇，占全国的35.7%。总计全国约三分之一的顶尖学术成果是由上海科学家贡献的。

　　下图中的气泡大小代表了各城市2013—2015年间发表的SCI、SSCI学术论文总量，第47页柱状图高低代表了各城市的论文年度复合增长率，第47页上图中的气泡大小代表了论文平均被引用次数。从论文数量来看，上海发表论文总数在全球20个主要城市中排名第六位，增长率排名第二位，这充分体现了上海科技创新的良好基础和蓬勃活力。但从论文平均被引用数来看，上海学术成果的影响力还未达到全球大都市平均水平。

■ 2013—2015年SCI、SSCI论文总量

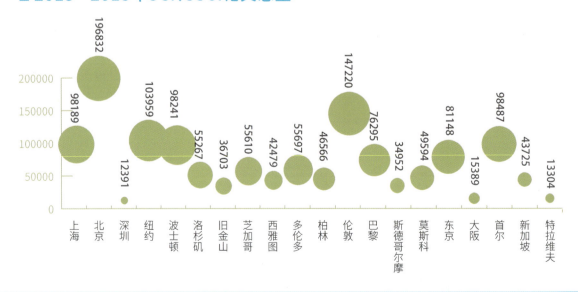

■ 论文平均被引用数

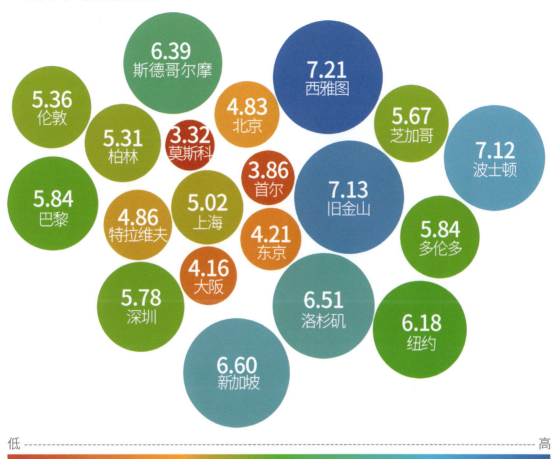

低 ————————————————————————————— 高

■ 论文年度复合增长率

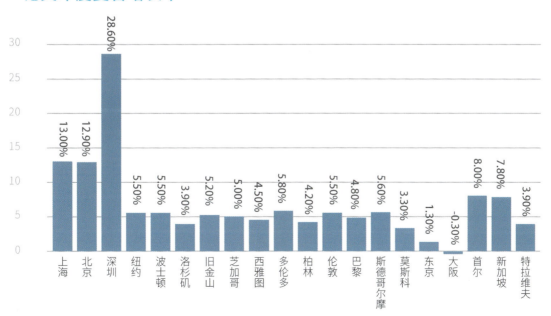

在上海2013—2015年发表的SCI论文中,国际合作论文占比为29.19%,与北京(28.70%)、深圳(29.85%)大体处于同一水平。相比之下,欧美发达国家城市SCI论文国际合作比例普遍在35%以上,甚至超过50%。可见上海在科研国际合作方面还有进一步提升的空间。在论文国际合作对象方面,上海与美国的合作最多,约占全部合作论文的半数。其次是与英国、德国、澳大利亚和日本等国家的合作。

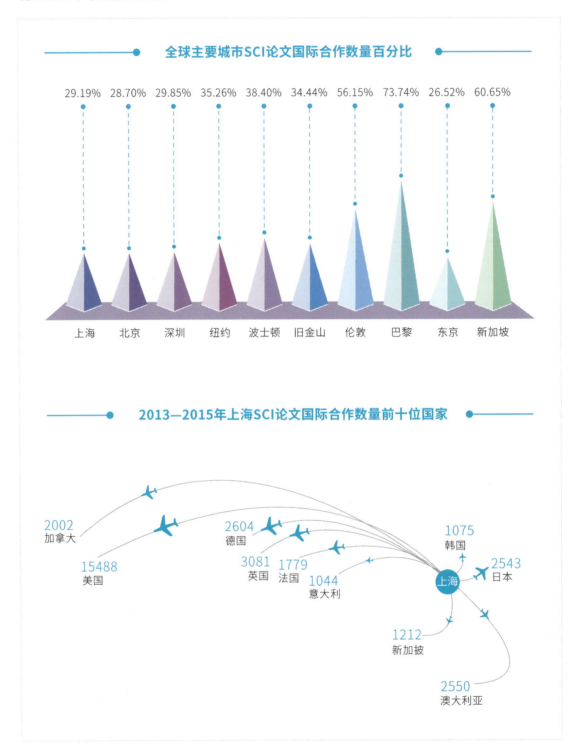

全球主要城市SCI论文国际合作数量百分比

上海	北京	深圳	纽约	波士顿	旧金山	伦敦	巴黎	东京	新加坡
29.19%	28.70%	29.85%	35.26%	38.40%	34.44%	56.15%	73.74%	26.52%	60.65%

2013—2015年上海SCI论文国际合作数量前十位国家

2002 加拿大

15488 美国

2604 德国

3081 英国

1779 法国

1044 意大利

1075 韩国

2543 日本

上海

1212 新加坡

2550 澳大利亚

>> 专利产出全面提升

2016年，上海全年受理专利申请量为119937件，比上年增长19.9%。其中，发明专利申请量为54339件，同比增长15.7%，发明、实用新型、外观设计三类专利申请量占申请总量的比例分别为45%、43%、12%。2016年，上海所获专利授权量为64230件，同比增长5.9%，其中发明专利授权量为20086件，同比增长14.1%。截至2016年底，上海有效发明专利拥有量为85049件，同比增长21.5%，每万人口发明专利拥有量为35.2件，仅次于北京，位居全国第二位。2016年，上海PCT国际专利申请量为1560件，同比增长47.2%，总量位居广东、北京、江苏之后排名全国第四位。2016年，上海作品版权登记数为217249件，同比增长9%。

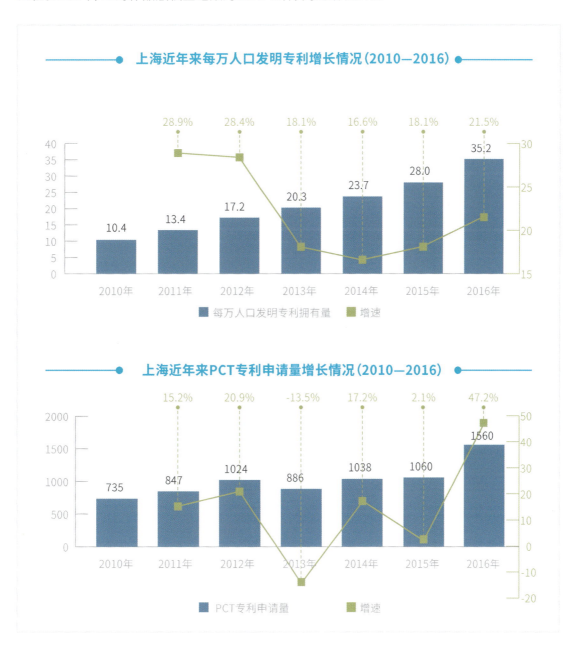

● 上海近年来每万人口发明专利增长情况（2010—2016）●

● 上海近年来PCT专利申请量增长情况（2010—2016）●

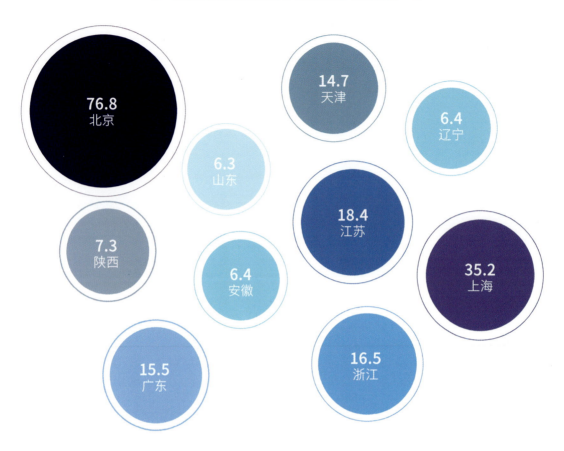

上海发明专利授权量排名前十的企业里,电子信息、材料、汽车、能源、医药等不同领域均有企业上榜,体现了上海的技术创新综合优势。其中,上海华虹宏力半导体制造有限公司(659件)、中芯国际集成电路制造(上海)有限公司(640件)和宝山钢铁股份有限公司(338件)分列前三。

2016年上海发明专利授权前十位的企业名单

排名	申请人名称	数量	排名	申请人名称	数量
1	上海华虹宏力半导体制造有限公司	659	6	上海天马微电子有限公司	124
2	中芯国际集成电路制造(上海)有限公司	640	7	上海微电子装备有限公司	121
3	宝山钢铁股份有限公司	338	8	上海汽车集团股份有限公司	100
4	上海华力微电子有限公司	306	9	上海医药工业研究院	99
5	上海贝尔股份有限公司	232	10	国网上海市电力公司	97

近年来上海PCT专利增速迅猛，2006—2014年，PCT专利年度增长率达到16.75%，在全球主要城市中排名第三位。与深圳、北京相比，上海PCT专利在数量上仍有较大差距。但从各城市PCT专利排名前二十位机构来看，上海企业、大学和科研院所分布较为均衡，北京、深圳则企业占大多数。从各城市PCT专利排名前十位企业来看，北京、深圳上榜企业绝大多数集中在电子信息领域，而上海上榜企业的行业领域分布明显更为多元。这既体现了上海全方位创新、全行业创新的优势，也显示了上海在个别领域缺乏科技创新龙头企业的不足。

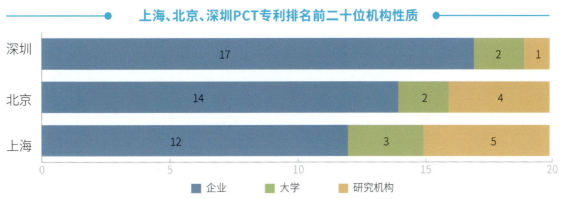

上海、北京、深圳PCT专利排名前二十位机构性质

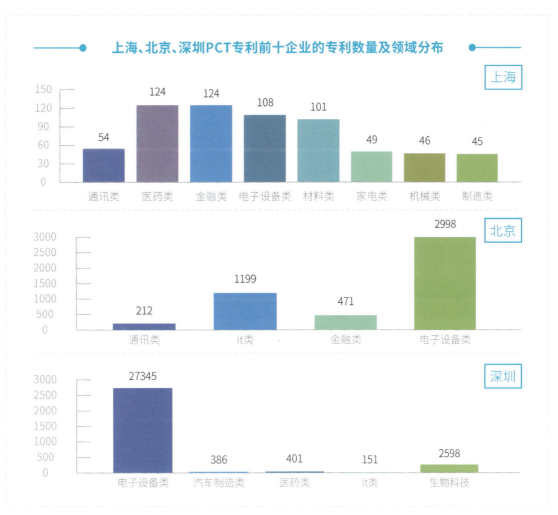

上海、北京、深圳PCT专利前十企业的专利数量及领域分布

综合考虑同族专利规模、专利授权率、权利要求、被引数量等体现专利质量的因素,对全球主要城市2011—2015年间的PCT专利质量进行分析,上海专利质量得分为0.35分,略低于北京的0.36分,高于深圳的0.26分。但与全球排名前列的旧金山0.81分、纽约0.50分、东京和伦敦0.42分相比,还有一定的差距。

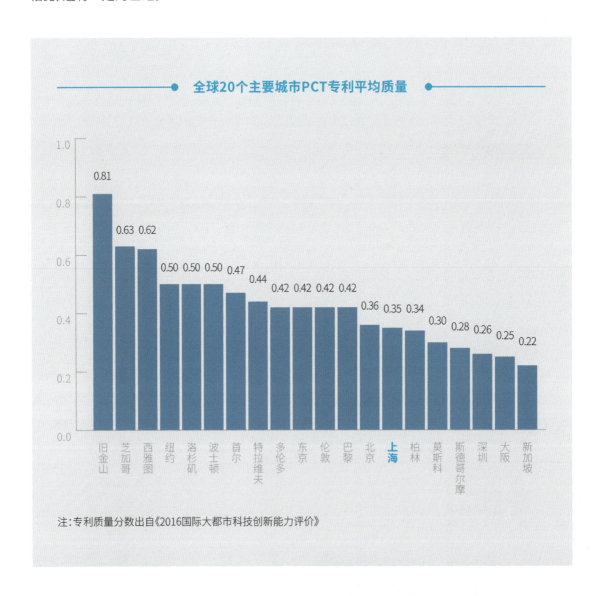

全球20个主要城市PCT专利平均质量

注:专利质量分数出自《2016国际大都市科技创新能力评价》

>> 上海高校、科研机构影响力加快提升

全球高校500强上海有4所高校上榜。在美国教育媒体USNews联合汤森路透发布的2016年全球顶尖500所大学排行榜中,上海共有4所高校进入了世界前500名,其中复旦大学进入了前100名,排名96位,上海交通大学排名136位,同济大学排名335位,华东师范大学排名407位。上海上榜的四所高校排名都比上一年有明显提升。500名之外,还有华东理工大学排名515位,上海大学排名532位。

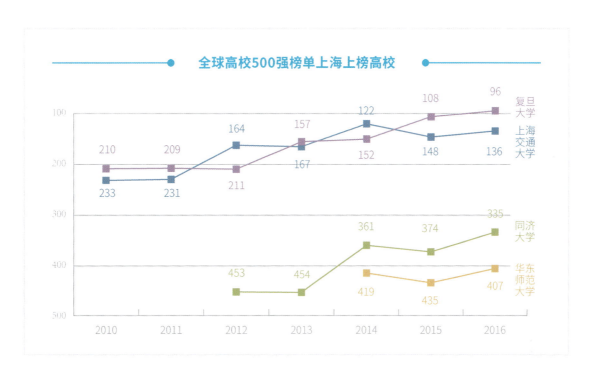

全球高校500强榜单上海上榜高校

在依据中国大学2008—2015年间入选"中国百篇最具影响国际学术论文"和"中国百篇最具影响国内学术论文"等情况统计得出的2016中国大学最具影响力百篇学术论文排行榜中，复旦大学共计36篇次论文入选，上海交通大学共计28篇次论文入选，双双进入全国排名前五位，体现出上海较强的基础研究水平和学术影响力。

2017全球知名大学排行榜
中国上榜排名前十高校

THE （2017年9月发布）		QS （2017年9月发布）		USNews （2016年10月发布）		ARWU （2016年8月发布）	
北京大学	27	清华大学	25	北京大学	53	清华大学	48
清华大学	30	香港大学	26	清华大学	57	北京大学	71
香港大学	40	香港科技大学	30	香港大学	106	上海交通大学	101-150
香港科技大学	44	北京大学	38	复旦大学	121	中国科学技术大学	
						复旦大学	
香港中文大学	58	复旦大学	40	中国科学技术大学	136	香港大学	
						浙江大学	
复旦大学	116	香港中文大学	46	上海交通大学	136	中国医药大学	151-200
中国科学技术大学	132	香港城市大学	49	浙江大学	138	中山大学	
南京大学	169	上海交通大学	62	台湾大学	144	四川大学	
浙江大学	177	台湾大学	75	香港中文大学	154	台湾大学	

名次	高校名称	所在地区	论文篇次	名次	高校名称	所在地区	论文篇次
1	北京大学	北京	68	6	北京协和医学院	北京	27
2	清华大学	北京	61	7	哈尔滨工业大学	黑龙江	24
3	浙江大学	浙江	50	8	山东大学	山东	21
4	复旦大学	上海	36	9	中国农业大学	北京	21
5	上海交通大学	上海	28	10	东南大学	江苏	20

　　国际论文被引用数在一定程度上反映了高校和科研机构的国际影响。2006—2015年，全国国际论文累计被引用最多的20所高校中，上海有上海交通大学、复旦大学和同济大学三所学校上榜。其中上海交通大学和复旦大学进入排名前五。全国国际论文累计被引用最多的20家科研院所中，上海有中国科学院上海生命科学研究院、中国科学院上海硅酸盐研究所、中国科学院上海有机化学研究所和中国科学院上海光学精密机械研究所四家机构上榜。

●────────● 国际论文10年累计被引用篇数排名前20位的高等院校和科研院所 ●────────●

排序	单 位	被引用篇数*	被引用次数
1	浙江大学	45307	478919
2	上海交通大学	39913	366612
3	清华大学	33711	430130
4	北京大学	31795	379908
5	复旦大学	27190	334694
6	四川大学	26167	207444
7	华中科技大学	23338	197823
8	中山大学	23260	241263
9	山东大学	22247	199237
10	吉林大学	21778	193046
11	南京大学	21774	269303
12	哈尔滨工业大学	20820	185774
13	西安交通大学	18820	138084
14	中国科学技术大学	18638	256343
15	中南大学	18421	132382
16	武汉大学	16410	182026
17	大连理工大学	15707	160454
18	天津大学	14941	130045
19	同济大学	14118	108781
20	东南大学	13822	126319

排序	单 位	被引用篇数*	被引用次数
1	中国科学院化学研究所	6941	183896
2	中国科学院长春应用化学研究所	6765	171662
3	中国科学院半导体研究所	6463	44775
4	中国科学院大连化学物理研究所	5053	107034
5	中国科学院物理研究所	5018	89426
6	中国科学院合肥物质科学研究院	4530	55965
7	中国科学院金属研究所	4267	79978
8	中国科学院上海生命科学研究院	3567	67525
9	中国工程物理研究院	3566	16136
10	中国科学院上海硅酸盐研究所	3449	64607
11	军事医学科学院	3365	31932
12	中国科学院生态环境研究中心	3300	59292
13	中国科学院海西研究院	3160	59188
14	中国科学院地质与地球物理研究所	3002	43508
15	中国科学院兰州化学物理研究所	2967	48088
16	中国科学院海洋研究所	2555	26111
17	中国科学院高能物理研究所	2543	29089
18	中国科学院上海有机化学研究所	2518	64884
19	中国科学院上海光学精密机械研究所	2480	19506
20	中国科学院过程工程研究所	2430	33968

注:*以SCI数据库统计,2006—2015年收录的中国论文截至2016年9月累计被引用的篇次。

　　在反映高质量科研论文增长最显著机构的《自然指数2016新星榜》(Nature Index 2016 Rising Stars)中,排名全球前20的机构有两家来自上海,充分体现了上海科技创新水平突飞猛进的提升。

自然指数2016新星榜标准排名

排名	机构名称（国别）	2015年论文数
1	中国科学院(中国)	3449
2	北京大学(中国)	1113
3	南京大学(中国)	666
4	中国科学技术大学(中国)	661
5	南开大学(中国)	334
6	浙江大学(中国)	386
7	复旦大学(中国)	374
8	清华大学(中国)	785
9	苏州大学(中国)	200
10	牛津大学(英国)	1373
11	基础科学研究所(韩国)	189
12	斯坦福大学(美国)	1514
13	华东师范大学(中国)	164
14	湖南大学(中国)	144
15	四川大学(中国)	186
16	印度理工学院(印度)	302
17	厦门大学(中国)	240
18	曼彻斯特大学(英国)	665
19	阿卜杜拉国王科技大学(沙特阿拉伯)	176
20	南洋理工大学(新加坡)	423

注：引自Nature Index 2016 Rising Stars

顶尖科学家影响力稳步提升

2016年9月6日，美国汤森路透集团公布了全球2016年"高被引科学家"(Highly-Cited Researchers 2016)名单。通过对近11年(2004—2014)被ISI Web of Science Core Collection

收录的全部自然和社会科学领域论文分析，汤森路透对21个学科领域的论文对应年度的"他引次数"进行排序，排名在前1%的论文为该领域的"高被引论文"，这些论文的作者则入选该学科领域"高被引作者"。2016年全球共计入选科学家3265人次，其中美国入选人次最多，计1537人次；英国第二，为359人次；中国位列第三，计241人次，其中上海入选科学家24人次。2014—2016三年，全球合计入选9606人次，中国合计628人次，占6.54%；上海合计63人次，占全国的10.03%，全球的0.66%。

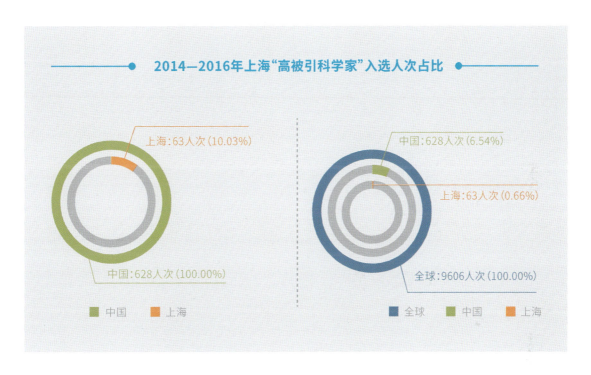

2014—2016年上海"高被引科学家"入选人次占比

上海：63人次（10.03%）
中国：628人次（100.00%）
■ 中国　■ 上海

中国：628人次（6.54%）
上海：63人次（0.66%）
全球：9606人次（100.00%）
■ 全球　■ 中国　■ 上海

　　三年中入选中国科学家所在城市和地区的分布情况方面，北京总数位列第一，有68位科学家入选，覆盖12个领域；台湾和香港并列第二，分别有26位科学家入选；上海位列第四，有23位科学家入选，分布在材料科学、化学、工程学、数学、生物学与生物化学、植物学与动物学、药理学与病理学7大领域，占全国入选科学家总数的8.0%。

三年中入选中国科学家所在城市（地区）分布

01　北京总数位列第一，有68位科学家入选，覆盖12个领域

02　台湾和香港并列第二，分别有26位科学家入选

03　上海位列第四，有23位科学家入选

城市(地区)

北京								68	
香港	26								
台湾	26								
上海	23								
杭州	12								
武汉	11								
哈尔滨	11								
广州	11								
西安	10								
南京	10								
合肥	10								
长春	7								
沈阳	7								
成都	7								
深圳	6								
大连	5								
天津	4								
长沙	3								
无锡	3								
苏州	3								
澳门	3								
厦门	2								
青岛	2								
兰州	2								
锦州	2								
福州	2								
重庆	1								
漳州	1								
扬州	1								
湘潭	1								
马鞍山	1								
济南	1								
吉林	1								
贵阳	1								
大庆	1								
常熟	1								

0　　　　10　　　　20　　　　30　　　　40　　　　50　　　　60　　　　70　　　　80　数量

从学科领域分布看,上海在有科学家入选的七个领域中,材料科学入选人次最多,合计19人次,占上海总入选人次的30.16%,其次是化学15人次,占比达23.81%,再次是工程学和数学。

从发展趋势看,上海2014—2016年,入选人数和人次都逐年递增:入选人数从14人、17人到18人;入选次数从18人次、21人次到24人次。

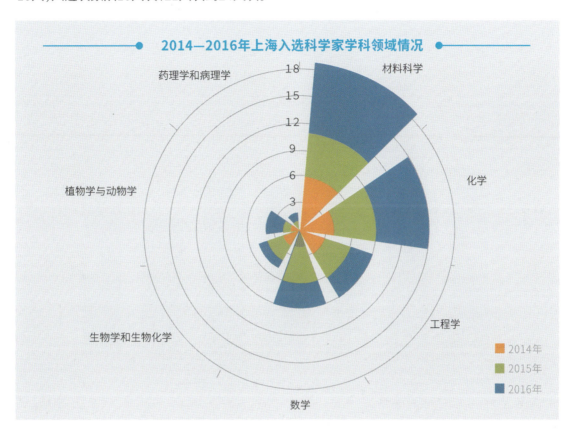

相对于上海建设全球科技创新中心的要求来看,上海"高被引科学家"的入选比例仍相对较低,特别是与北京的差距较大。可见上海在集聚了一大批高水平专业科研人员的同时,能够引领行业、学科发展,决定创新方向选择的顶级专家仍显不足。被誉为"诺贝尔奖风向标"的汤森路透"引文桂冠"(Citation Laureates),上海至今尚无得主。

》》 重大科技成果奖励占比全国领先

2016年,上海市共有52项牵头及合作完成的重大科技成果获国家科学技术奖,总数比2015年增加了10项,占全国获奖总数的18.3%,连续15年获奖比例超过10%。其中,荣获国家自然科学奖5项(均为牵头完成),占全国42项国家自然科学奖的12%;国家技术发明奖8项(其中,牵头完成3项),占全国66项国家技术发明奖的12%;国家科学技术进步奖38项(其中,牵头完成15项),占全国171项国家科学技术进步奖的22%;中华人民共和国国际科学技术合作奖1人,占全国的16.7%。在高等级奖项中,2项国家科学技术进步奖特等奖,上海均参与完成;3项国家技术发明奖一等奖,上海参与完成2项;17项国家科学技术进步奖一等奖,上海牵头完成1项,参与完成4项。

上海获国家级科技成果奖励数及占全国比重

年份	获奖数	占全国比重
2010年	58	16.3%
2010年	56	14.6%
2010年	51	15.1%
2010年	52	16.1%
2010年	54	16.5%
2010年	42	13.9%
2010年	50	18.3%

展讯、创远荣获国家科学技术进步奖特等奖

　　移动通信是国家关键基础设施,是全球科技创新和国家竞争力的战略必争高地。在2017年1月9日举行的国家科学技术奖励大会上,"第四代移动通信系统(TD-LTE)关键技术与应用"项目荣获2016年度国家科学技术进步奖特等奖。截至2016年末,TD-LTE用户已超过5亿,已在46个国家部署85张商用网络,真正实现了我国为主的TDD技术全球广泛应用。展讯通信(上海)有限公司、上海创远仪器技术股份有限公司等上海企业作为获奖项目主要完成单位,共同参与实现了我国移动通信"从边缘到主流、从低端到高端、从跟随到领先"的历史性转折。

2016年度中国科学十大进展半数来自上海

　　2017年2月,科技部发布2016年度中国科学十大进展。其中,来自上海科研院所的5项成果榜上有名,且都来自生命科学领域,分别是揭示水稻产量性状杂种优势的分子遗传机制;提出基于胆固醇代谢调控的肿瘤免疫治疗新方法;发现精子RNA可作为记忆载体将获得性性状跨代遗传;构建出世界上首个非人灵长类自闭症模型;揭示胚胎发育过程中关键信号通路的表观遗传调控机理。与往年通常仅入选一两项成果相比,2016年度上海入选中国科学十大进展的成果占到"半壁江山"。上海这次入选十大科学进展的成果主要来自中国科学院上海分院三个正在建设中的"卓越中心",即"脑科学与智能技术卓越创新中心""分子细胞科学卓越创新中心""分子植物科学卓越创新中心"。作为中科院体制与机制改革的试点,"卓越中心"旨在以科学问题为导向,实现从跟踪模仿向原始创新的战略性转变,其目标是达到国内同领域领先地位,并力争成为国际领跑者。

04

第四章
新兴产业引领力

近年来，上海经济发展方式加快转型，创新经济形态初现。在科技创新支撑引领下，知识密集型产业加快成长，创新发展、绿色发展趋势凸显，为上海经济注入了强劲的新动能。2016年，上海新兴产业引领力指数达到239.08，比上年提高19.90%。

» 2016核心数据

2016年,全员劳动生产率达到
20.67万元/人

 上海全市完成地区生产总值
28178.65亿元

同比增长
6.8%

 全年知识密集型服务业
增加值**9617.35亿**元,
占GDP比重**34.13%**

 战略性新兴产业制造业
增加值**4175.85亿**元,
占GDP比重**14.82%**

知识密集型产业从业人
员占全市从业人员比重
26.9%

信息传输、软件和信息服务业
全年增加值增长
15.1%

高新技术企业**6938**家,
比上年增加**867**家

上海市生物医药产业
实现经济总量
2884.26亿元

 同比增长
35.4%

● 上海科技服务业增加值3476亿元,同比增长8.1%,占GDP比重12.65%

● 信息、科技服务业营业收入亿元以上企业数量999家,比上年增加280家

● 每万元GDP能耗0.43吨标准煤,比上年下降2.3%

● 电子商务交易额20049.30亿元,增长21.9%

● 网络购物交易额5603.70亿元,增长35.4%

● 软件出口额36.86亿美元

按照《中国国民经济核算体系(2016)》要求,研发支出(R&D)计入GDP(国内生产总值)计算方法,2016年,上海全市完成生产总值28178.65亿元,按可比价格计算,比上年增长6.8%。从横向角度来看,与全国2016年6.7%的数字相比,上海的经济增速高了0.1个百分点。

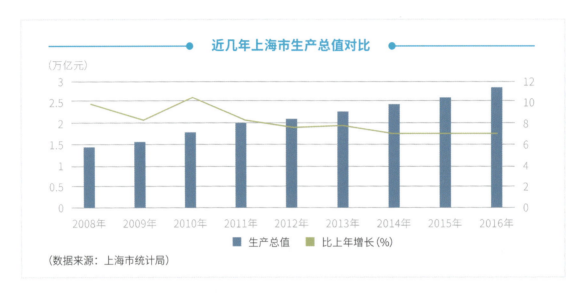

近几年上海市生产总值对比
(万亿元)

■ 生产总值   ━ 比上年增长(%)

(数据来源: 上海市统计局)

2016年,上海全市完成地区生产总值28178.65亿元,同比增长6.8%,全员劳动生产率达到20.68万元/人。2017年上半年,上海全市完成地区生产总值13908.57亿元,比上年同期增长6.9%,增速同比提高0.2个百分点。在全市固定资产投资额、金融和房地产业增速均有较大幅度回落的情况下,上海GDP增长再度赶超了全国速度。

2016年上海全市规模以上工业总产值31082.72亿元,比上年增长0.8%,扭转了上年下降的态势。全年战略性新兴产业制造业总产值8307.99亿元,比上年增长1.5%,占规模以上工业总产值的比重为26.7%,同比提高0.7个百分点。分行业看,六个重点行业工业总产值21001.28亿元,比上年增长1.9%。其中,电子信息产品制造业下降2.2%,汽车制造业增长12.6%,石油化工及精细化工制造业下降0.3%,精品钢材制造业下降5.5%,成套设备制造业下降2.6%,生物医药制造业增长5.9%。

上海全市规模以上工业总产值
31082.72亿元
比上年增长**0.8%**

战略性新兴产业制造业总产值
8307.99亿元
比上年增长**1.5%**

6个重点行业工业
总产值
21001.28亿元

电子信息产品制造业下降**2.2%**
汽车制造业增长**12.6%**
石油化工及精细化工制造业下降**0.3%**
精品钢材制造业下降**5.5%**
成套设备制造业下降**2.6%**
生物医药制造业增长**5.9%**

2017年上半年，上海在工业投资比上年同期下降3.9%的情况下，完成规模以上工业总产值16013.30亿元，比上年同期增长8.2%，实现了2012年以来同期最高增速。全市战略性新兴产业制造业完成总产值4760.44亿元，比上年同期增长6.8%，增速同比提高6.1个百分点。这充分体现了在创新驱动下，上海实体经济正在加速提质增效、回暖复苏，全市经济增长对投资拉动的依赖程度进一步下降，创新经济特征进一步显现。

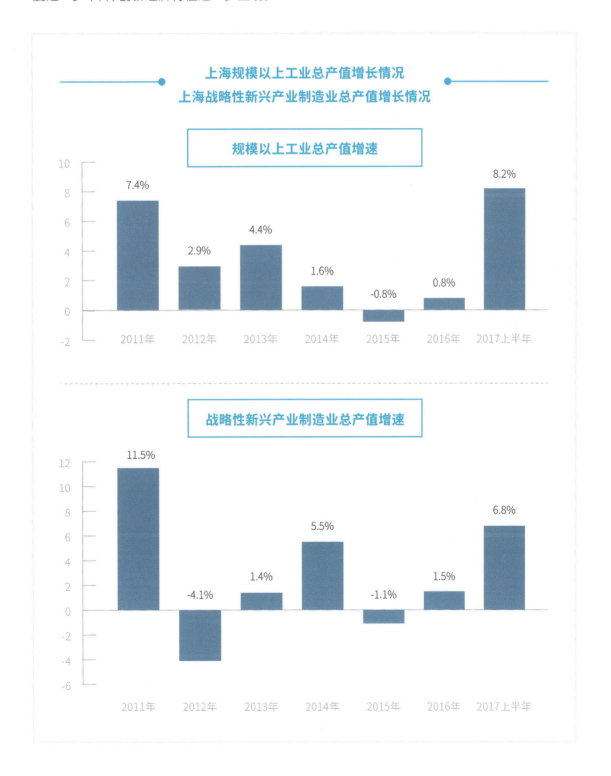

上海规模以上工业总产值增长情况
上海战略性新兴产业制造业总产值增长情况

规模以上工业总产值增速

战略性新兴产业制造业总产值增速

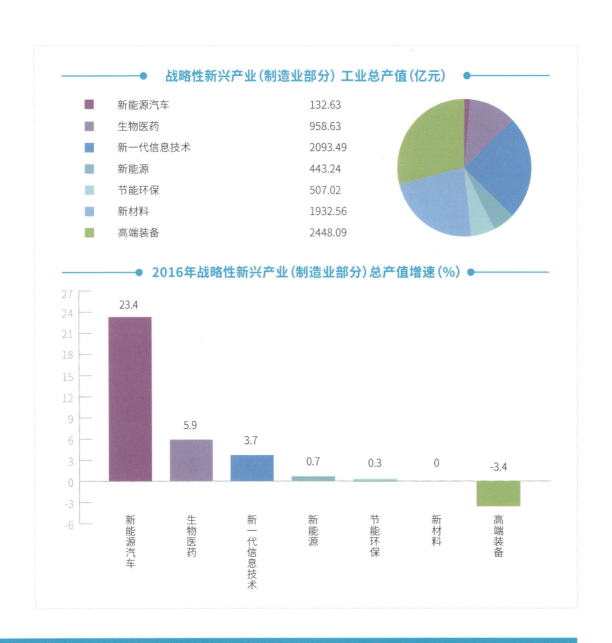

战略性新兴产业（制造业部分）工业总产值（亿元）

新能源汽车	132.63
生物医药	958.63
新一代信息技术	2093.49
新能源	443.24
节能环保	507.02
新材料	1932.56
高端装备	2448.09

2016年战略性新兴产业（制造业部分）总产值增速（%）

新能源汽车	23.4
生物医药	5.9
新一代信息技术	3.7
新能源	0.7
节能环保	0.3
新材料	0
高端装备	-3.4

集成电路设计业首成产业链龙头

2016年上海集成电路产业规模继续保持两位数增长,全年实现销售收入达到1053亿元,产业规模首次突破千亿大关,同比增长10.76%。其中,设计业规模首次超过封装测试业,全年实现销售365.24亿元,较2011年产业规模实现翻番;实现利润总额25.65亿元、同比增长18.9%。设计业真正成为产业链龙头,体现了上海集成电路产业从量到质的全面升级。

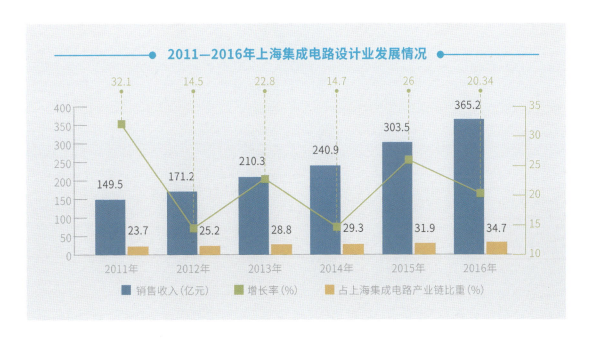

2011—2016年上海集成电路设计业发展情况

- 销售收入(亿元)
- 增长率(%)
- 占上海集成电路产业链比重(%)

企业规模不断提升。2016年,上海集成电路设计企业共215家(其中产品设计企业206家,设计服务企业9家),从业人员近4万人(其中专业技术人员占2/3);2016年销售规模超亿元的设计企业达到49家,比2011年增加近一倍。

技术水平国内领先。上海集成电路设计业的主流设计技术为90-65-40nm,先进技术已进入16/14nm领域,10nm的设计技术正在研发之中。数模混合电路芯片的设计技术普遍采用0.18-0.13μm嵌入式存储器或嵌入式处理器、SoC技术,模拟电路芯片普遍采用0.35-0.13μm BCD技术。这些芯片设计技术在国内均处于先进或领先地位。

上海已成为中国"机器人之都"

近年来,上海机器人产业迅猛发展,现已成为我国规模最大的机器人产业集聚区,已集聚了超过400家机器人制造企业、系统集成商、相关大学和科研院所,形成了整机企业与零部件企业、外资企业与内资企业、本地企业与国内其他企业相互配合、竞相发展的格局,构成了机器人研发、生产、服务、应用等较为完整的产业链。2016年,上海工业机器人产量2.91万套,比上年增长24.4%,占全国总产量的四成。在2017中国工业机器人企业排行榜前10强中,上海有5家企业上榜,排名第一的沈阳新松也把国际总部及研发基地建在了上海金桥。

排名

01 沈阳新松机器人自动化股份有限公司	**06** 多伺电子机械技术(上海)有限公司
02 常德名赛机器人科技有限公司	**07** 盟立自动化科技(上海)有限公司
03 安川首钢机器人有限公司	**08** 山东鲁能智能技术有限公司
04 上海ABB工业有限公司	**09** 库卡自动化设备(上海)有限公司
05 史陶比尔(杭州)精密机械电子有限公司	**10** 上海发那科机器人有限公司

上海工业机器人产量

年份	产量(万台)
2014年	1.17
2015年	2.11
2016年	2.91

2011—2015年上海机器人产业规模

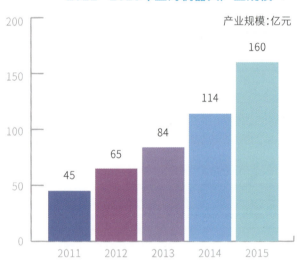

产业规模:亿元

2011: 45
2012: 65
2013: 84
2014: 114
2015: 160

科技创新成果打造高端产业新动能——
2016年度上海产业技术自主创新十大亮点

上海新昇半导体有限公司300毫米大硅片项目完成建设,并成功试制300毫米直径晶棒和外延片

上海司南卫星导航技术有限公司、上海华测导航技术有限公司成功研制自主、高精度北斗/GNSS接收设备并推向市场

上海电气电站设备有限公司研制的半速大容量核电汽轮机1905mm末三级长叶片通过验收

中国商用飞机有限责任公司国产支线客机ARJ21交付首家客户投入商业运营;国产大飞机C919完成系统联试,并于2017年5月顺利实现首飞

上海航天技术研究院研制的3.35米火箭助推器助推"长征五号"实现成功首飞

上海微电子装备有限公司成功研制4.5代TFT光刻机,达到同代产品领先水平并实现销售

上海超导科技股份有限公司建成国内首条自主高温超导带材生产线,年产能超过200千米

上海振华重工(集团)股份有限公司自主建造的12000吨单臂起重船"振华30号"交付,吊重能力位居世界第一

上海仁会生物制药股份有限公司的新药谊生泰(贝那鲁肽注射液)获得CFDA批准,成为首个国内自主研发上市的GLP-1类抗糖尿病药物

上海蔚来汽车有限公司研发的电动车蔚来EP9刷新纽北赛道圈速世界纪录,定义新的"中国速度"

高技术产品首台套政策助推"上海制造"升级步伐

　　《上海市高端智能装备首台突破和示范应用专项支持实施细则》实施两年多来,共立两批72项首台突破类项目,共计支持金额3.49亿元,形成合同金额59.78亿元。2016年度重大技术装备首台套支持计划支持项目共计53项,其中首台突破项目38项,示范应用项目11项,平台建设项目4项。在首台套政策支持下,上海多项制造业关键核心技术取得重大突破,形成了自主知识产权和自主品牌。如上海天永智能装备公司与同济大学联合研发的基于智能机器人应用的发动机自动化柔性总装线,已与国内多家汽车制造企业签约。宝信软件研发的大型智能轧钢控制系统成功应用于宝钢大型冶金轧机装备,打破了该领域德日外国厂商长期垄断的格局。上海联影医疗有限公司的"双模态128层CT"、沈机(上海)智能系统研发设计公司的"智能化高档数控系统"等项目,其产品都达到了国际先进水平。

先进到水平国际	上海联影医疗有限公司的"双模态128层CT"
	沈机(上海)智能系统研发设计公司的"智能化高档数控系统"

≫ 信息、科技服务业成为第三产业发展"领头羊"

　　2016年,上海信息传输、软件和信息服务业以建设全球跨界创新中心、启动中国制造2025、发展"互联网+"为契机,全年实现营业收入3603.19亿元,比上年同期增长12.4%;全年增加值达到1618.58亿元,增长15.1%,比上年提高3.1个百分点,第一次超过金融业,成为上海第三产业中增速最快的行业。2016全年,上海完成电子商务交易额20049.30亿元,比上年增长21.9%。其中,B2B交易额14445.60亿元,增长17.3%,占电子商务交易额的72.1%;网络购物交易额5603.70亿元,增长35.4%。

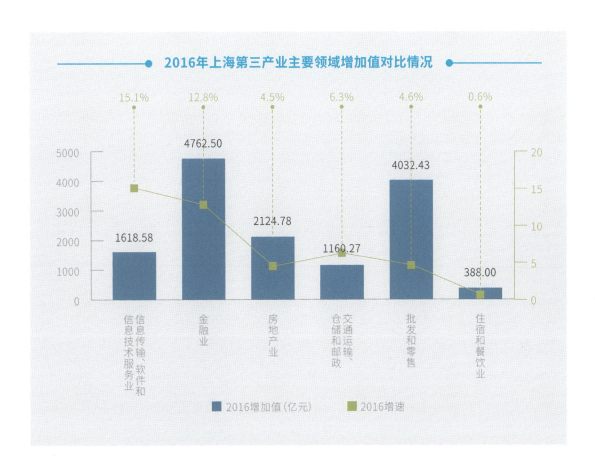

2016年上海第三产业主要领域增加值对比情况

15.1%　　12.8%　　4.5%　　6.3%　　4.6%　　0.6%

4762.50

4032.43

2124.78

1618.58

1160.27

388.00

信息传输、软件和信息技术服务业　金融业　房地产业　交通运输、仓储和邮政　批发和零售　住宿和餐饮业

■ 2016增加值（亿元）　■ 2016增速

2016年上海软件出口额达到36.86亿美元，出口方式以信息技术外包（ITO）为主。目前上海在不少细分领域拥有领军企业，入选2016年中国软件百强榜的企业有7家

2016年上海入选中国软件业务收入百强企业名单

序号	排名	企业名称
1	8	中国银联
2	16	华东电脑
3	31	宝信软件
4	34	华讯网络
5	46	贝尔软件
6	61	卡斯柯
7	72	万达信息

2016年上海科技服务业增加值3476亿元,比去年同期增长8.1%,占全市第三产业增加值比重为18.8%。从业人员121.25万人,比去年同期增加3.5万人。其中,与科技成果转移转化密切相关的科技推广及相关服务业、科技信息服务业增加值增长率都超过15%,成为科技服务业发展中的领头羊。2016年,一批市场化、专业化、多模式、高成长性的技术转移服务机构脱颖而出,新成立机构40余家,发掘了服务入股、知识产权期权等新的盈利模式。

科技服务业分领域2016年增加值(亿元)

科学研究与试验发展服务	356.93
专业化技术服务	549.58
科技推广及相关服务	146.28
科技信息服务	1408.75
科技金融服务	638.39
科技普及和宣传教育服务	155.75
综合科技服务	391.34

科技服务业分领域增加值同比增速(%)

科学研究与试验发展服务 10.2
专业化技术服务 5.2
科技推广及相关服务 15.7
科技信息服务 15.6
科技金融服务 14.3
科技普及和宣传教育服务 13.5
综合科技服务 2.3

　　上海信息、科技服务业营业收入亿元以上企业数量自2010年来迅速增长,从2010年的333家增加到2016年的999家,产业规模正在快速壮大。

构建创新生态，发力人工智能产业

　　在人工智能领域，上海基础研究积累深厚，中科院上海分院、中科院微系统所、公安部三所、复旦大学、上海交通大学等在类脑智能、机器视觉、机器学习等领域在国内具备较强的影响力；技术支撑较为完备，已汇聚了国内外最前沿的基础架构支撑和人工智能技术企业，如科大讯飞、寒武纪、IBM　Watson等，并涌现出了一批优秀的本土创新企业。以上海智臻智能网络科技股份有限公司研发的小i机器人为例，其客服能力相当于9000个人工座席，主导了全球第一个用户界面情感交互的国际标准和国内第一个人工智能语义库标准，并被写入Gartner2017年度十大战略技术趋势报告。一批上海企业聚焦专用领域的人工智能应用，在国内各细分市场占据了较高份额，如电科智能、博康的智能视频处理产品，未来伙伴、弗徕威的服务机器人，新时达、奥特博格、科大智能的智能制造机器

中国人工智能企业数量分布

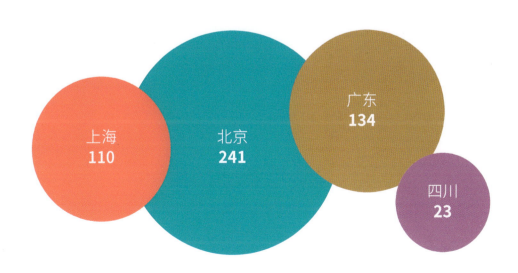

(资料来源：DT财经)

≫ 生物医药产业在稳步发展中提速创新

2016年，上海市生物医药产业坚持生产制造、商业和研发服务外包"三业并重"，保持了平稳的增长速度。全年上海市生物医药产业实现经济总量2884.26亿元，比2015年增长11.65%。

近年来，以研发外包为主的生物医药服务外包发展迅速，2016年收入220.26亿元，与2013年88.47亿元相比，在三年中增长了149%。

2016年8月初，上海市食药监局宣布药品上市许可人制度试点工作实施方案落地，药品上市许可和生产许可正式"双分开"，打通了医药创新的"最后一公里"，为上海生物医药产业创新发展开辟了广阔天地。2016年，中科院上海药物研究所的抗肺动脉高压新药TPN171、盟科医药技术（上海）有限公司的抗耐药菌新药MRX-1、微创心脉医疗科技（上海）有限公司的腹主动脉覆膜支架系统等一批创新药物和医疗器械产品投入临床试验或设计定型。

● 2013—2016年上海生物医药产业收入统计 ●

收入（亿元）		2013年	2014年	2015年	2016年
全行业经济总量		2137.57	2293.27	2583.39	2884.26
制造业主营业务收入（亿元）	总收入	829.23	866.93	925.41	999.83
	化学药	358.95	364.67	394.73	426.70
	生物制药	87.86	100.42	105.83	113.76
	现代中药	94.24	104.68	109.65	124.12
	医疗器械	173.91	176.40	192.64	212.65
商业销售收入（亿元）		1212.30	1331.67	1481.17	1664.20
服务外包业收入（亿元）		88.47	88.10	197.33	220.26

上海在生物医药产业研发与产业化、外包服务、融资环境、国际交流等方面具有较大优势，跨国生物医药企业研发中心密集，集聚了世界生物医药前十强中大部分企业，已成为长三角地区乃至我国生物医药的技术研发与成果转化中心，并逐步形成以上海为中心的长三角生物医药产业集群。

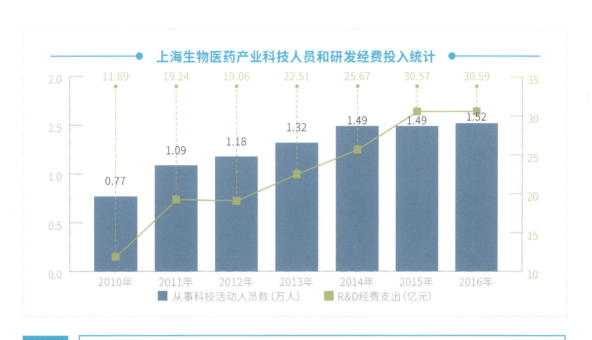

上海生物医药产业科技人员和研发经费投入统计

从事科技活动人员数(万人)　R&D经费支出(亿元)

年份	从事科技活动人员数(万人)	R&D经费支出(亿元)
2010年	0.77	11.89
2011年	1.09	19.24
2012年	1.18	19.06
2013年	1.32	22.51
2014年	1.49	25.67
2015年	1.49	30.57
2016年	1.52	30.59

中国药谷 张江

国家上海生物医药科技产业基地

培育　关注　制药　器械　Ⅳ

20年 园区运营时间

22万平方米 孵化器&加速器面积

500家创新企业 产业技术服务

目前,张江生物技术和医药产业领域创新企业超过600家,跨国药企前10强,有8家的中国或亚太研发中心及总部在张江布局。中国医药工业百强,有11家的研发在张江布局。超过70个技术平台汇聚集成,培育了具有显著国际竞争力的全产业链创新平台体系。生命科学从业人员超过3.5万人。在研药物品种超过320个,其中创新药物品种超过200个。

张江药谷:大学院校

复旦大学药学院

上海中医药大学

上海科技大学

张江药谷:研究机构

人类基因组 南方研究中心	生物芯片 工程研究中心	国家 化合物样品库	新药 筛选中心	中科院上海 药物研究所	药物制剂 工程研究中心	新药安全 评价研究中心

截至2016年6月，CFDA/CDE共受理了（全国）华药1.1类新药34个，其中张江共13个，占38%。

2017年Q1超过50%的CDE批准临床的1类新药来自张江。

国家食药监总局批准的一类新药，每3个中有1个源自张江。

国家重大新药创制科技重大专项，每3个中有1个来自张江。

新药注册成功率，张江是全国平均水平的3倍以上。2017年第一季度，多家张江药企新药获CDE临床批准。

已有超过80家创新企业、超过100个创新药物落地在全国各省市，人才和技术溢出效应充分显现。超过20个创新药物走向国际市场开展国际药物注册，超过30个创新药物开展国际合作开发，超过20个创新产品实现海外销售。

江苏
生物医药产业成长性最好、发展最为活跃的地区之一，已形成苏州、南京、泰州、连云港等一批生物医药研发制造基地。

上海
拥有完善的生物医药创新体系和产业集群，是国内生物医药领域研发机构最集中、创新实力最强、新药创制成果最突出的基地。

浙江
将生物医药列入大力培育的高科技创业，在部分领域具备国内领先水平。

上海原创新药为全人类健康护航

2017年7月,《自然评论·药物开发》杂志发表评论文章指出,中国生物医药正在自信地走向全球。近年来,多款或来源于本土原创创新突破性成果,或来自知名跨国药企在中国的研发中心的新药,有望在癌症、心血管疾病、糖尿病、肝炎等医疗领域对中国乃至全球制药行业产生重要影响。在文中提及的10个"中国出生"明星药物中,有6个是出自上海或有上海参与的研发成果。

药物名称	研发商(所在城市)	适应症
西达本胺	微芯(深圳)	T细胞淋巴瘤
呋喹替尼	和黄医药(香港)/礼来(上海)	结肠直肠癌、肺癌
沃利替尼	和黄医药(香港)/阿利斯康(上海)	肾癌、胃癌
BGB-3111	百济神州(北京)	巨球蛋白血症
BGB-A317	百济神州(北京)	癌症
BGB-283	百济神州(北京)	癌症
Emibetuzumab	信达生物(苏州)/礼来(上海)	非小细胞肺癌
MAK683	诺华(上海)	B细胞淋巴瘤
RG7854	罗氏(上海)	乙肝
RG7097	罗氏(上海)	乙肝

资料来源:DT财经

》 知识经济特征进一步强化

2010—2016年,上海知识密集型服务业增加值占GDP比重持续提升,从2010年的25.71%增长到2016年的34.13%。

近年来上海知识密集型产业从业人员占全市从业人员比重增长迅速,2016年该指标达到26.9%左右,与2014年相比,在两年内提升了6.8个百分点。平均全市每不到四个就业人口中就有一人从事知识密集型产业,充分体现了上海加速向知识经济转型的趋势。

上海知识密集型服务业增加值占GDP比重持续提升

上海知识密集型产业从业人员占全市从业人员比重

2016年,上海新认定高新技术企业2306家,本市高新技术企业总数达6938家,较上年度增长867家。截至2016年底,全市科技小巨人企业和小巨人培育企业共1638家。

上海高新技术企业总数和增长率

2016年内,全市认定高新技术成果转化项目469项,其中,电子信息、生物医药、新材料等科技创新重点领域项目占87.4%。2016年全年经认定登记的各类技术交易合同2.12万件,合同金额822.86亿元,比2015年增长16.2%。

类别		年份	2012	2013	2014	2015	2016
技术合同年度认定数量(项)			27998	26297	25238	22513	21203
成交金额(亿元)			588.52	620.87	667.99	707.99	822.86
其 中	技术 开发	认定数量(项)	10974	10057	10187	9579	9141
		成交金额(亿元)	297.14	267.33	299.83	321.49	309.39
	技术 转让	认定数量(项)	1170	1102	1201	1050	1041
		成交金额(亿元)	223.48	230.15	221.99	296.98	338.00
	技术 咨询	认定数量(项)	3026	3094	2876	2458	2211
		成交金额(亿元)	5.17	7.40	5.96	5.32	9.69
	技术 服务	认定数量(项)	12828	12044	10974	9426	8810
		成交金额(亿元)	62.73	115.99	140.21	84.20	165.78

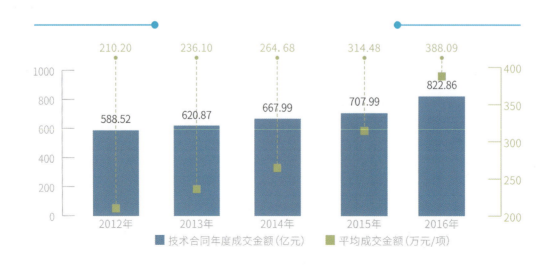

技术合同成交额排名前五位的技术领域（2016）

合同成交额（亿元）

电子信息技术	先进制造技术	生物医药和医疗器械技术	城市建设	现代交通
463.11	110.93	98.49	31.16	18.64

占总额百分比（%）

■ 电子信息技术	56.3 %
■ 先进制造技术	13.5 %
■ 生物医药和医疗器械技术	12.0 %
■ 城市建设	3.8 %
■ 现代交通	2.3 %

2016年,上海万元GDP能耗0.43吨标准煤,比2015年下降2.3%,进一步体现了经济创新发展、绿色发展的特征。

上海万元GDP能耗情况（吨标准煤）

2010年	2011年	2012年	2013年	2014年	2015年	2016年
0.71	0.62	0.57	0.55	0.48	0.44	0.43

05

第五章

创新辐射带动力

随着上海自主创新能力的增强,本土国际化企业、服务机构的成长和跨国企业、海外研发机构的汇聚,上海开放性创新、国际化创新的特征更加凸显,在全球和区域创新网络中的地位不断提升。2016年,上海区域创新辐射带动力指数达到231.01,比上年提高38.90%。

≫ 2016核心数据

技术出口(含港澳台)**729**项,成交额**203.16亿**元 成交额同比增长9.7%

对外省市技术输出**7168**项,成交额**364.73亿**元 成交额同比增长89.6%

高新技术产品出口额**5215.1亿**元,占比**43.1%**

"中国制造2025"十大重点领域产品出口**4494.8亿**元,占比**37.1%**

新增跨国公司地区总部**45**家,累计**580**家

新增外资研发中心**15**家,累计**411**家

高新技术产业实到外资**12.59亿**美元,同比增长**60.9%**

上海**8**家本地企业入围《财富》500强

科学研究和技术服务业、信息传输、软件和信息技术服务业、制造业实际对外投资共计**85.7亿**美元,同比增长**57.4%**

实施境外并购项目**161**个

国家技术转移东部中心共布局了**212**个国内外技术转移渠道,建立了**4**个海外分中心和**5**个国内分中心

上海专业技术服务平台提供面向国际服务项目**64**种,面向全国服务项目**283**种

≫ 技术与产品输出能力进一步增强

　　随着技术创新能力和技术市场的不断发展,上海科研成果正加快从立足本地迈向辐射全国,并逐步走向国际。在上海2016年成交的技术合同中,向国内外输出技术合同额占比69.1%。全年成交的技术合同中,进出口技术合同(含港澳台)成交额244.43亿元,约占全年成交总额的三分之一。其中,技术进口353项,成交额41.27亿元,同比下降8.8%;技术出口729项,成交额203.16亿元,同比增长9.7%,亚洲、北美洲和欧洲是上海输出技术的三大主要目的地,三者合计占比高达总量的九成。2016年,上海对外省市技术输出合同共计7168项,成交额364.73亿元。上海技术在流向国内其他省市中,流向广东成交额75.43亿元(823项)为最高,流向江苏成交额27.14亿元(1391项)居第二位,流向北京成交额23.98亿元(1181项)居第三位。

上海向国内外输出技术合同额占比

2016年上海对外技术输出合同情况

技术输出目的地	合同数(项)	占总数百分比	合同成交额(亿元)	成交额同比增长
外省市	7168	33.8%	364.73	89.6%
港澳台	163	0.8%	30.06	6.8%
国外	566	2.7%	173.10	10.2%

2016年，在主要发达国家购买力普遍衰退的背景下，上海高新技术产品出口额总计5215.1亿元，占商品出口总额的比重为43.1%，比2015年略有下降。随着上海科创中心建设不断推进，在全市出口总体下降0.5%的背景下，部分高新技术产品出口逆势增长。其中，"中国制造2025"十大重点领域产品出口4494.8亿元，增长1.2%，占全市出口总值的比重由上年的36.5%提升至37.1%。2016年，上海市出口集成电路1130.7亿元，增长8.5%；出口医疗器械94.6亿元，增长3.8%；出口太阳能电池53.5亿元，增长1.5%。按出口商品类别分，自动数据处理设备及其部件、集成电路分别是2016年上海出口比重最大和次大的两类产品，两者合起来占了上海全部出口商品总额的五分之一以上。

输出技术合同前三领域：电子信息、先进制造、生物医药

2016年，上海输出技术合同领域构成中，电子信息技术的成交金额最多，达到328.73亿元，占总数的54.1%。先进制造技术和生物医药的合同成交金额紧随其后，分别达到86.60亿元和64.30亿元，分别占14.2%和10.6%。环境保护与资源综合利用技术的合同数和成交金额的增长情况值得瞩目，增长率分别为26.0%和608.4%。

上海输出技术合同分布领域构成

- 电子信息技术
- 航空航天技术
- 先进制造技术
- 生物、医药和医疗器械
- 新材料及其应用
- 新能源与高效节能
- 环境保护与资源综合利用
- 核应用技术
- 农业技术
- 现代交通
- 城市建设与社会发展

上海输出技术合同卖方类别：企业为主体，其次为科研机构、高校

2016年，上海输出技术合同的卖方类别中，企业法人成交金额558.73亿元，占91.9%。其中，内资企业成交金额499.22亿元，占企业法人类别合同总额的89.3%，依然占据主导地位。外商投资企业成交金额34.41亿元，占企业法人类别合同总额的6.2%。

事业法人成交金额46.64亿元，占7.7%。其中，科研机构成交金额25.62亿元，占事业法人类别合同总额的54.9%。高等院校成交额17.80亿元，占事业法人类别合同总额的38.2%。

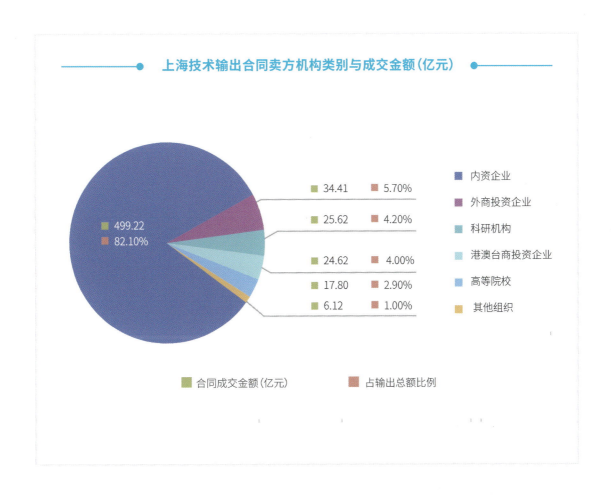

上海技术输出合同卖方机构类别与成交金额（亿元）

	合同成交金额（亿元）	占输出总额比例
内资企业	499.22	82.10%
外商投资企业	34.41	5.70%
科研机构	25.62	4.20%
港澳台商投资企业	24.62	4.00%
高等院校	17.80	2.90%
其他组织	6.12	1.00%

■ 合同成交金额（亿元）　　■ 占输出总额比例

上海输出技术合同类型：以技术转让为主

2016年，上海输出技术合同成交金额607.89亿元，同比增长20.2%。其中，技术转让和技术开发两类合同成交额最多，分别为300.94亿元和235.36亿元，占比分别达到49.5%和38.7%。

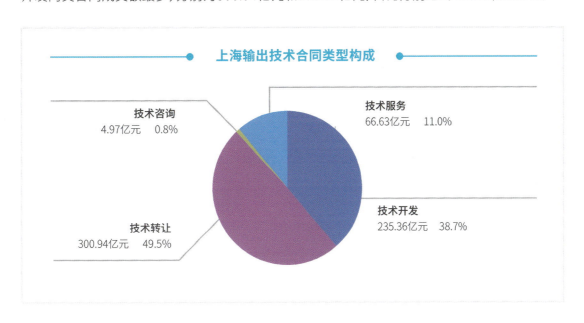

上海输出技术合同类型构成

技术咨询　4.97亿元　0.8%
技术服务　66.63亿元　11.0%
技术开发　235.36亿元　38.7%
技术转让　300.94亿元　49.5%

上海输出技术合同知识产权类别：技术秘密位列第一

2016年，上海输出技术合同的知识产权类别中，技术秘密类合同数最多，达到8970项，占44.2%。未涉及知识产权类和计算机软件类位于其后，合同数分别为7755项和2751项，分别占38.2%和13.6%。成交金额方面，未涉及知识产权类最多，达到211.98亿元，占34.9%。计算机软件类和技术秘密类位列二、三位，成交金额分别为187.03亿元和182.54亿元，分别占30.8%和30.0%。

上海技术进出口合同地域分布

欧洲
进口：
171项,26.07亿元
出口：
93项,69.19亿元

北美洲
进口：
47项,8.24亿元
出口：
120项,79.27亿元

亚洲
进口：
121项,6.42亿元
出口：
313项,16.11亿元

非洲
进口：
1项,0.46亿元
出口：
25项,7.77亿元

南美洲
进口：
1项,0.64亿元
出口：
25项,7.77亿元

大洋洲
进口：
3项,0.01亿元
出口：
6项,0.69亿元

技术进出口合同集中于欧美地区，重点领域市场热度不减

2016年，上海技术合同进口主要来源地为欧洲，成交金额26.07亿元，占63.3%。来源于亚洲的进口合同成交金额6.42亿元，占15.6%。北美洲的进口合同成交金额位列第二，为8.24亿元。出口方面，流向北美洲地区的合同成交金额最高，达到79.27亿元，占45.8%。流向欧洲的合同成交金额仅次于北美，为69.19亿元，占40.0%。流向亚洲地区的成交金额16.11亿元，占9.3%。2016年，欧美地区成为上海技术进出口合同的主要聚集地。

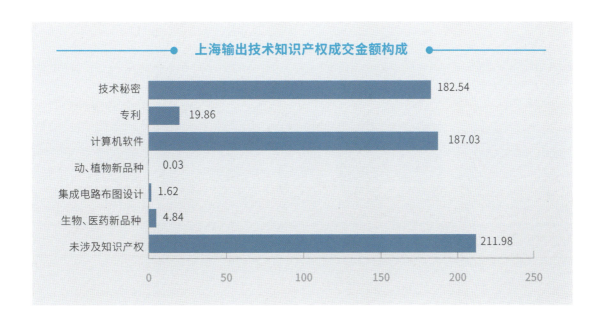

上海输出技术知识产权成交金额构成

项目	金额
技术秘密	182.54
专利	19.86
计算机软件	187.03
动、植物新品种	0.03
集成电路布图设计	1.62
生物、医药新品种	4.84
未涉及知识产权	211.98

从具体领域来看,进出口合同技术交易的热点领域仍然以电子信息技术,先进制造技术,生物、医药和医疗器械为主。进口方面,成交金额最多的为电子信息技术,达到17.88亿元,占43.4%。出口方面,电子信息技术成交金额居第一,为115.87亿元,占66.9%;先进制造技术,生物、医药和医疗器械两大领域的合同数和成交金额分别位列第二。

➤➤ 外资企业总部、研发中心能级持续提升

2016年,上海跨国公司地区总部能级提升,总部经济溢出效应明显。全年新设跨国公司地区总部45家,其中富世华、卡摩速、李尔等15家跨国公司设立了亚太区总部,同时新增投资性公司18家。截至2016年底,累计落户上海的跨国公司地区总部、投资性公司分别达580家、330家,上海作为中国内地跨国公司地区总部最集中的城市地位继续巩固。

上海跨国公司总部、研发中心集聚情况

	2016年新增(家)	累计拥有(家)
跨国公司地区总部	45	580
亚太区域总部	15	56
投资性公司	18	330
研发中心	15	411

2016年,外资积极参与上海科技创新中心建设。全年上海新增舍弗勒、天合汽车科技等外资研发中心15家,累计达到411家,其中全球研发中心40余家。世界500强企业中已有120家在上海设立全球研发中心,成为吸引和培育全球高端创新要素的重要载体。

上海外资研发中心数量增长情况

- 2010年：319
- 2011年：334
- 2012年：351
- 2013年：366
- 2014年：381
- 2015年：396
- 2016年：411

2016年，上海吸引外资明显向创新领域倾斜。全年第二产业共计吸引合同外资36.1亿美元，同比增长84.4%。第三产业中的信息服务业吸引合同外资36.4亿美元，同比增长80.7%。

2016年，上海高新技术产业利用外资呈大幅增长。高新技术产业实到外资达到12.59亿美元，同比增长60.9%。新型电子设备、新能源、新材料领域的投资在增多，澜起科技、西门子风力叶片、希悦尔（包装新材料）等高新技术产业项目均有大额资金到位。科技研发、信息服务、金融服务、医疗卫生等领域利用外资增幅均超过20%。

由于上海创新创业蓬勃发展的势头，诸多外资企业也积极参与上海众创空间和孵化器的建设。2015年11月落户上海的XNode，50%以上的创业者是外国人，37支入驻团队分别来自中国、美国、澳大利亚、加拿大、日本等18个国家。2016年9月落户上海的"澳大利亚创客基地"，是由澳大利亚政府出资、专门支持澳大利亚创客的全球五大基地之一，已吸纳了一大批"漂"在上海的澳大利亚创业者。具有风向标意义的国际众创空间领袖机构WeWork在2016年3月和11月连续在上海开设了两家联合办公空间，这也是WeWork在中国大陆开设的前两家机构。

2017年2月21日，普华永道位于上海新天地的创新中心正式成立，该创新中心有五大功能区：孵化器工作室、新兴技术实验室、催化工坊、数字化体验中心以及视频创意中心，除了提供创新创业的场地，更是互联互通的平台。2017年2月27日，德勤中国首个"勤创空间"在沪正式成立。"勤创空间"不仅旨在打造定制化的体验空间，更集合了德勤数字化、区块链、数据分析等各业务条线中的科技团队，提供从创新想法孵化到技术实施落地的一体化专业服务能力。

WeWork首家众创
空间在上海开幕

WeWork第二家
众创空间开业

德勤中国首个"勤创
空间"在沪成立

2015年11月

2016年9月

2017年2月

2016年3月

2016年11月

2017年2月

XNode落户上海

"澳大利亚创客
基地"落户上海

普华永道上海
创新中心成立

在外资研发中心能级整体提升的同时，与中国欧盟商会和上海美国商会的联合调研发现，2016年下半年以来，少数外资企业出于调整研发战略与策略、综合分析成本要素等考虑，作出了关闭在沪研发中心的决定。另一方面，在沪外资研发中心中，外籍人士的绝对数量与所占比例也存在一定程度的下降。这几类外资企业集中关注的问题，也反映了由于上海生活成本持续上升、综合配套服务不到位带来的挑战。

》》 上海企业加快全球创新布局

近年来，上海本地企业《财富》500强入围数和排名综合分数总体均呈上升趋势。从2010年到2016年，上海入围企业从4家增加到8家，综合分数从3.37分增长到8.59分，体现了上海企业的国际竞争力和创新影响力正在迅速提升。

《财富》500强企业上海本地企业入围数和排名综合分值

年份	2010	2011	2012	2013	2014	2015	2016
上海汽车集团股份有限公司	223	151	130	103	85	60	46
宝钢集团	276	211	197	222	211	218	275
中国联通	368	371	333	258	210	227	
交通银行	440	389	326	243	217	190	153
百联集团				466			
绿地控股集团有限公司			483	359	268	258	311
上海浦东发展银行股份有限公司				460	383	296	227
中国华信能源有限公司					349	342	229
中国太平洋保险集团股份有限公司		467	450	429	384	328	251
中国远洋海运集团有限公司						432	465

2016年，上海对外投资继续领跑全国。上海企业对外直接投资备案1425项，备案投资总额366.5亿美元，实际对外投资251.29亿美元，同比增长51.1%，占全国14.7%，位居首位。2016年上海的对外投资主要体现出四大特征：

2014—2016年度上海对外投资与投资项目数统计

单位：亿美元

（数据来源：上海市商务委员会）

一是海外并购多，大项目多。2016年全年上海企业共实施境外并购项目161个，实际对外投资额达126.12亿美元，占比达54.8%，超过1亿美元的境外并购项目21个，涉及信息技术、生物医药、互联网等领域。

2015—2016年度上海对外投资合作方式构成分析

2015	33%	39%	29%
2016	20%	58%	22%

■ 增资　■ 并购　■ 新设

（数据来源：上海市商务委员会）

二是企业境外投资创新导向更加明显。2016年，上海科学研究和技术服务业实际对外投资额为14.8亿美元，同比增长40.9%；信息传输、软件和信息技术服务业实际对外投资额为42.9亿美元，同比增长63%；制造业实际对外投资额为28亿美元，同比增长59%。

三是民营企业仍是上海企业对外投资的主力军。在2016年上海对外直接投资中方投资额中，民营企业占了超过四分之三的份额。对外投资合作企业中，民营企业的数量占了85%。

对外投资合作民营企业数量占比85%
对外民营企业投资占比76%
对外并购民营企业并购额占比88%

（数据来源：上海市商务委员会）

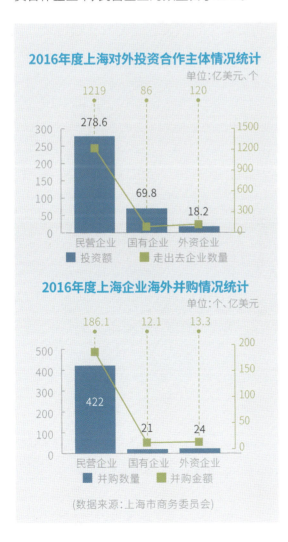

2016年度上海对外投资合作主体情况统计

单位：亿美元、个

2016年度上海企业海外并购情况统计

单位：个、亿美元

（数据来源：上海市商务委员会）

四是对外投资合作目标以发达国家为主。上海企业在深化布局"一带一路"沿线国家的同时，2016年度对外投资合作前10大国家/地区都集中在经济发达地区。其中，美国是上海对外投资合作的最大目标国。从对外投资合作对象分布来看，亚洲占比有所下降，投资有转向北美洲、大洋洲和欧洲的趋势。

序号	国家/地区	中方投资额	占比%
1	中国香港	86.3	24%
2	美国	67.4	18%
3	澳大利亚	32.7	9%
4	加拿大	18.5	5%
5	英国	10.8	3%
6	新加坡	10.1	3%
7	德国	5.0	1%
8	韩国	3.7	1%
9	日本	2.6	1%
10	新西兰	2.1	1%
11	法国	1.1	0.3%
12	其他	126.3	34%

》》 科技创新对外服务能力不断增强

国家技术转移东部中心致力于打造国际技术转移重要节点,重点布局技术交易、高校技术市场、国际创新资源合作三大核心功能,成为国内外技术汇聚、辐射的关键枢纽。东部中心共计布局了212个国内外技术转移渠道,集聚和培育了143家科技中介服务机构,设立3个科技成果转化基金,与行业龙头企业共建5个试验验证平台,汇聚了6569名技术转移转化专家、33568条科技成果供需信息。近年来,东部中心逐步在北美洲、欧洲、亚洲、大洋洲等地进行实地布局,并陆续引进海外优秀服务机构集聚上海。

在欧洲,东部中心设立了上海伦敦创新中心,与58家英国知名企业建立社区网络;设立孵化器,入驻企业近200家;与牛津大学、剑桥大学等33所高校、研究机构建立技术转移网络,导入国际创新项目1464个;建立5个基金,规模3.5亿英镑。东部中心与Cocoon Networks联合打造中英跨境孵化平台、中英技术转移及交易平台,并开展在英科技金融服务。东部中心还参与了2016达沃斯论坛。

在北美,东部中心积极推动MIT-CBA合作,获得了7000件MIT相关技术专利,波士顿企业园于2016年2月26日在美国马萨诸塞州揭牌。

在国内,东部中心围绕长三角区域和"一带一路"战略,在全国各地设立了5个战略分中心,签约长三角省市合作机构8家。

上海市专业技术服务平台在技术对外服务方面取得显著成效。根据2016年对高端装备制造、新材料、新能源、新能源汽车及其他等领域的44家上海市专业技术服务平台进行的评估,44家平台共提供服务项目426种,其中面向国际范围64种,面向全国范围283种。

在区域科技资源共享方面,2016年上海市科委协同苏浙皖三省科技部门,积极推进"创新券"在长三角区域内部分地区的通用通兑机制以及"长三角大型科学仪器协作共用网"等公共科技基础设施的共建共享。上海研发公共服务平台已经完成了和国家网络管理平台的对接,报送了362家仪器管理单位(不含中央单位)及其所属的3172台50万元以上的仪器数据,仪器总价值达到46.39亿元。

上海本土科技服务机构走向全球化

太库科技是上海本土诞生的全球化产业孵化器运营商,以人工智能、大健康和新材料为主要孵化领域,目前已在全球7个国家、22个城市建立了30个专业项目和孵化器,已有600多家在孵企业,1140多项知识产权。2016年5月,太库特拉维夫机构组织以色列8个科技创新项目来沪对接,并举办了专题路演活动。10月,太库与莫斯科政府签订了创新创业合作协议,促成中俄双方的创业者共享资源、分享市场。

宇墨咨询是国内首家专门从事国际清洁技术转移的专业机构,设有4个海外分部,合作伙伴覆盖全球14个国家。宇墨成立两年来共产生64项国际合作需求,实现海外项目落地中国市场4项,中国项目落地东南亚市场2项,促成海外投资意向2项约合1600万欧元,实现中国企业融资7000万人民币。

近年来,由于上海的国际影响力和领先市场优势,越来越多全球知名科技品牌选择上海作为其创新产品的全球首发或亚太首发地。2016—2017年,以微软、华为等为代表的国内外创新领袖企业争相在上海发布其最新产品。近年来迅速崛起的全球娱乐电脑设备知名品牌Razer雷蛇、全球民用无人机领先企业DJI大疆创新等都在上海开设了旗舰体验店。

2016年全年上海共计举行各类展会880场,总展出面积1605.08万平方米,比上年增长6.2%。其中国际展会287场,展出面积1177.47万平方米,增长4.8%;国内展会593场,展出面积427.60万平方米,增长10.5%。扣除公共假日,平均上海每天有三场展会、一场国际展会开幕。

上海主要场馆2016年举办展览会情况

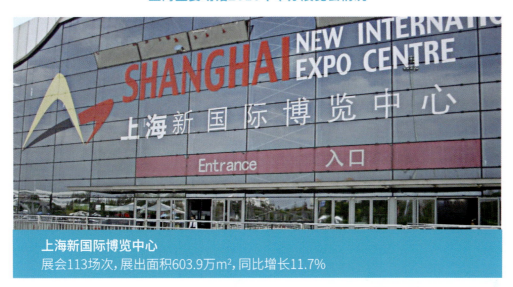

上海新国际博览中心
展会113场次, 展出面积603.9万m², 同比增长11.7%

上海世博展览馆
展会99场次, 展出面积192.3万m², 同比增长19.8%

国家会展中心(上海)
展会43场次, 展出面积410.0万m², 同比增长3.3%

2016浦江创新论坛聚焦"双轮驱动"创新发展

以"双轮驱动：科技创新与体制机制创新"为主题的2016浦江创新论坛于9月23—26日盛大召开，其间，英国首相特蕾莎·梅发来贺信，全国政协副主席、中国科协主席、科技部部长万钢为论坛作开幕演讲。2016浦江创新论坛共设政策、产业、区域、金融等九个分论坛，来自15个国家和地区的

110名全球创新领袖作了精彩的演讲，多份重要研究报告在论坛期间发布。2016浦江创新论坛首次举办了以"建设'一带一路'创新共同体"为主题的专题研讨会，还首次走进主宾国（英国）举办海外分论坛，并在主宾省（浙江）设置分会场。*Nature*杂志以及国内外100多家媒体平台对论坛进行了重点报道，共计刊发新闻稿1200余篇。

首届上海国际创客大赛举行

2016年6月，由上海市科学技术委员会指导，上海市科技创业中心、国家技术转移东部中心主办，上海湾谷创新中心(BVIC)、动点科技(TechNode)联合承办的首届上海国际创客大赛正式启动。大赛历时3个月，分为线上及线下两大赛区，同时在英国、新加坡、上海Tech Crunch以及蘑菇云众创空间等四个分赛场进行了竞争激烈的分赛区

选拔赛。参赛的全球200多个创客团队经层层筛选,选出涵盖医疗健康、VR、3D打印、机器人四大领域的9个优质项目亮相总决赛,接受评委团的现场点评。最终,来自新加坡赛区的智能理疗机器人团队AiTreat、来自英国赛区的健康监测仪器团队EVA DX和来自蘑菇云赛区的3D打印机团队Hesion分别获得本次大赛的"最佳产品/应用设计奖""最具商业价值奖"和"脑洞大开奖"。

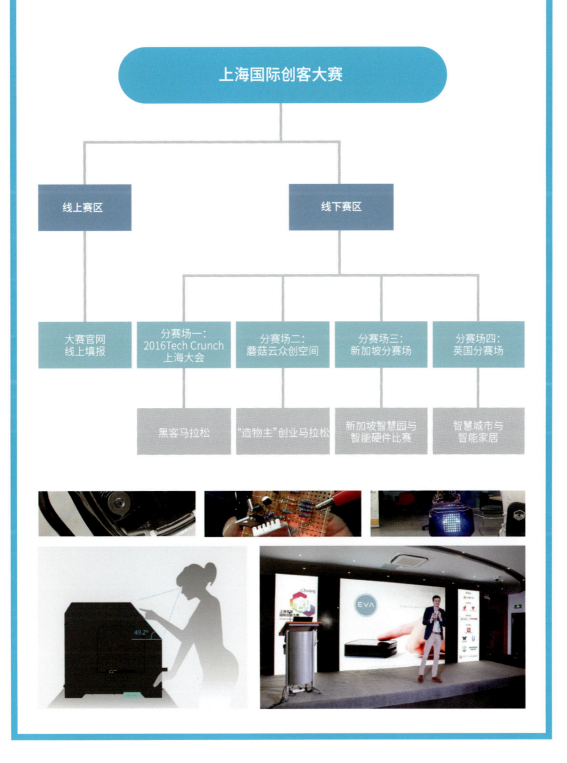

06

第六章
创新环境吸引力

拥有良好的创新创业环境是吸引集聚全球创新人才机构、建设全球科技创新中心的关键所在。近年来，随着城市功能的系统提升和各类创新政策的全面实施，上海创新创业环境有了显著的改善，各类创新创业活动蓬勃活跃。2016年，上海创新环境吸引力指数达到200.68，比上年提高18.97%。

≫ 2016核心数据

- 全面创新改革试验先行先试的10个方面已有**6**项落地实施，**2**项制订了具体实施办法
- 全年全市各有关部门共新出台创新促进政策**49**项

全市高新技术企业**6931**家	享受高新技术企业所得税优惠政策企业**3375**家	减免税总额**141.62亿**元
享受研发费用加计扣除企业**8926**家	研发费用加计扣除额**469.69亿**元	减免所得税额**117.42亿**元

- 全年新增**51**家众创空间和**20**家孵化器，共有各类众创空间孵化机构**500**余家，在孵企业**12000**多家
- 新注册市场主体**35万**户，新设立企业数占比**19.7%**

估值前200名的国内科技创业企业中，上海企业占比**22%**	2016中国创新创业大赛（上海赛区）共**6921**家小微企业和团队参赛，占全国四分之一。其中"硬科技"参赛项目占比**66%**

- 上海市公民具备科学素质比例为**19.97%**，比全国平均水平约高**15**个百分点
- 在沪外籍常住人口达到**18.5万**人
- 全年环境空气质量指数（AQI）优良率为**75.4%**
- 固定宽带平均可用下载速率**14.03**Mb/s，排名全国城市第一
- 全年市民参与文化活动人数近**2000万**人次

>> 全面创新改革试验系统推进

2016年是上海加快建设具有全球影响力的科技创新中心的重要一年。2016年3月，国务院常务会议审议并通过了《上海系统推进全面创新改革试验 加快建设具有全球影响力的科技创新中心方案》，标志着上海推进全面创新改革试验工作进入实施阶段。全面创新改革重大任务面向政府管理制度、科技成果转化机制、创新收益分配制度、创新投入制度、创新人才发展制度、开放合作机制等六个方面系统推进，力求在2—3年内取得一批可复制、可推广的创新改革经验。目前国家授权的10个方面先行先试改革，已有6项落地实施，2项制订了具体实施办法。

国家授权的10个方面先行先试改革情况	
已落地实施6项	研究探索鼓励创新创业的普惠税制、改革股权托管交易中心市场制度、落实和探索高新技术企业认定政策、完善股权激励机制、开展海外人才永久居留便利服务等试点、改革药品注册和生产管理制度
已制订实施办法2项	探索发展新型产业技术研发组织、建立符合科学规律的国家科学中心运行管理制度
继续争取国家层面协调批复2项	探索开展投贷联动等金融服务模式创新、简化外商投资管理

为支持保障科技创新中心建设，围绕科技成果转化、创新人才发展、金融支持创新、众创空间发展等方面，上海市委、市政府及各委办相继出台了系列配套文件，形成了"1+9"政策体系，政府科技创新管理、成果转移转化、收益分配、创新投入、人才发展、开放合作等各项改革和举措稳步推进。2016年，上海在修订完善已有政策的基础上，全市各有关部门共新出台创新促进政策49项，政策类型全面覆盖创新规划及综合引导、促进研发、促进创新创业、促进成果转化、促进科技金融发展、培育新兴产业、推广创新产品、促进人才发展、支持平台基地建设和促进科学普及等方面。

政策受益者	依托主体	政策作用发挥	政策工具	具体政策点
研究发明者	高校、科研机构	财政经费支持	科技资助计划 人才计划 科技奖励	国家自然科学基金 上海市自然科学基金 千人计划、领军人才、曙光计划、启明星、优秀学术/技术带头人、浦江人才、博士后、青年英才扬帆计划 上海市人才发展基金
		平台机构设施建设	平台建设	国家重点实验室 功能型平台 新型研发机构的建设
		促进科技成果转化	科技成果管理	科技成果定价、作价投资 收益分配 科研人员兼职兼薪、离岗创业

创新创业者	企业、创业者	财政经费支持	科技资助计划 专项基金/资金 财政奖励 人才计划	火炬计划、科技小巨人工程 创新资金、大学生科技创业基金、中小企业发展专项 千人计划、领军人才计划 大型仪器设备共享奖励政策 科技创新券、创新服务券
		优化营商环境	税收政策 金融政策 知识产权政策	研发费用加计扣除、高新技术企业认定、技先、双软等税收优惠政策 科技信贷、科技履约贷、小巨人信用贷、知识产权质押融资等 政府天使投资引导基金、创业投资风险救助专项资金 企业专利奖励扶助政策
		企业研发机构建设	研发平台建设 工程技术中心建设	国家工程(技术)研究中心 企业技术中心 工程实验室
		促进科技成果转化	技术转移政策	技术合同登记、技术权益与收益分配 高新技术成果转化
		促进商品和服务市场形成	创新型公共采购 法规标准 财政补贴 消费者宣传 示范工程	创新产品登记 创新产品示范应用 标准化建设

科技服务者	科技服务机构	财政经费支持	科技资助项目 设备共享奖励与补贴 财政资助 税收政策	创投联动资助专项 企业孵化器财政支持与税收减免
		平台机构建设	公共服务平台 孵化载体	公共研发服务平台 众创空间 企业孵化器 创业苗圃 创业孵化组织
		促进科技成果转化	技术转移政策	国家技术转移示范机构建设 上海科技中介体系建设 创新服务券

社会大众	市民	营造社会文化氛围	科学普及政策	科普资金 科普平台 科普活动

(引自2016上海科技创新政策年报)

根据对上海科研人员开展的问卷调查,在2016年科技创新相关政策中,科研人员认知度最高的是科技成果转化相关政策,约七成受调查者对科技成果转化政策有所了解。其次是人才政策、上海城市总体规划和张江综合性国家科学中心建设等。

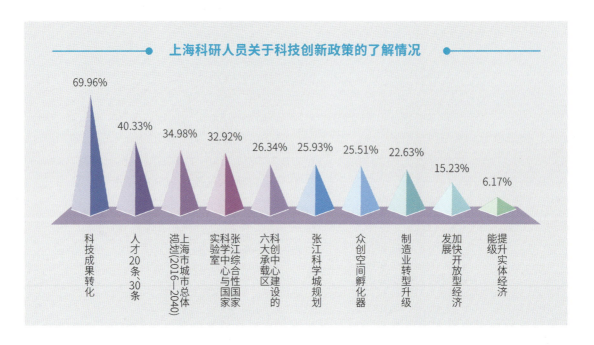

在关于上海近年来各类科技创新政策效果的调查中,总共约有三成受调查者认为上海科技创新环境比三年前有显著的提升,约五成受调查者认为上海科技创新环境与三年前相比有一定程度的改善。其中,关于促进科技成果转化、帮助年轻科学家发展、支持科研人员自主选题与开展研究等方面的政策获得了最多的好评。

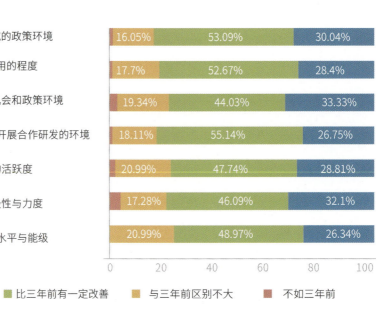

"双自联动"打造创新热土

2015年11月25日,《加快推进上海自贸区和张江国家自主创新示范区联动发展的实施方案》公布以来,10项试点事项稳步推进,形成了重要的阶段性成果。"加快推进药品上市许可人制度试点"取得突破性进展,依托生物制药和合同生产企业平台开展首个试点。"建立符合国际惯例的科技创新型企业培育机制"给予"双自"区域更大的高新技术企业和技术先进型服务企业认定自主权,并让符合标准的企业获得更多支持。张江关检联合服务中心建设稳步推进,帮助科技企业解决开展创新所需的快速通关、高效查验、个性化存放等问题。集成电路产业保税监管试点全面启动,保税政策从设计环节延伸至全产业链。随着"双自联动"深化推进,自贸区企业创新能力显著增强,现已形成了制造提升型企业、贸易拉动型企业、服务带动性企业和医药研发类企业等4类具有区域特色的科技创新企业生态群落。

科技创新券政策激发创新创业活力

为进一步推进有全球影响力的科创中心建设,降低中小微企业和创业团队科研创新投入成本,激发中小微企业科技创新活力,上海市科委于2015年4月开展科技创新券(以下简称"科技券")的试点发放。科技券政策实施一年以来,共向1790家中小企业和14家创业团队发放了总额达9535万元的科技券,经核准,共有828家中小企业符合科技券使用要求,购买了9245次创新服务,研发总支出约为9042万元,实际兑现了1949万元的补贴,帮助中小微企业降低了研发成本,同时以1:5左右的杠杆效应,激发了企业的创新研发投入,盘活了本市科研仪器等科技资源,在促进大型仪器共享、降低企业创新成本、推动科技服务业发展等方面都取得了良好的社会效益,引起了社会强烈反响和各界一致好评。

近年来,上海企业研发费用加计扣除政策在享受企业家数、研发费用加计扣除额、减免所得税额等方面均逐年提升,直接带动了企业增加技术创新投入。2016年全市享受研发费用加计扣除企业8926家,同比增长31.38%;研发费用加计扣除额469.69亿元,同比增长15.12%;减免所得税额117.42亿元,同比增长15.12%。

2016年上海受理高新技术企业新认定申请2606家,通过2306家,通过率达到88.49%。全市在政策有效期内的高新技术企业6931家,总量较上年增加了860家。2016年,上海共有3375家企业享受了高新技术企业所得税优惠政策,减免税总额达到141.62亿元,享受企业户数同比增长6.5%,但税收减免总额比2015年降低了21亿元。

近年来上海市享受高新技术企业优惠政策减免税情况

享受企业数 ▪ 减免税额(亿元)

以针对性税收减免为主的"少取"与以财政科技投入为主的"多予"都是政府支持科技创新的重要手段。上海研发费用加计扣除与高企税收减免两项税收减免额相当于地方财政科技拨款的比例近年来总体呈上升趋势,从2010年的58.7%提升到2016年的75.8%。

2010—2016年上海支持科技创新的税收减免和财政投入情况

两项税收减免额(亿元) ▪ 地方财政科技拨款(亿元) ▪ 减免税额与地方财政科技拨款比例(%)

众创空间为创新创业提供新天地

2016年,上海新增51家众创空间和20家孵化器,全市共有各类众创空间孵化机构500余家,其中创业苗圃100家、孵化器159家、加速器14家、创客空间等新型创新创业组织250余家,在孵企业12000多家。2016年举办各类创业辅导活动9800多场次,覆盖38万余名创业者,帮助1400多家企业获得投融资140.8亿元。浦东张江、临港,杨浦五角场、长阳谷,闵行紫竹、交大等区域众创空间集聚发展。"孵化+投资"成为主流,全市由众创空间成立的天使投资基金达16.75亿元,获得上海市天使投资引导基金投入2.74亿元,累计投资企业近700家。

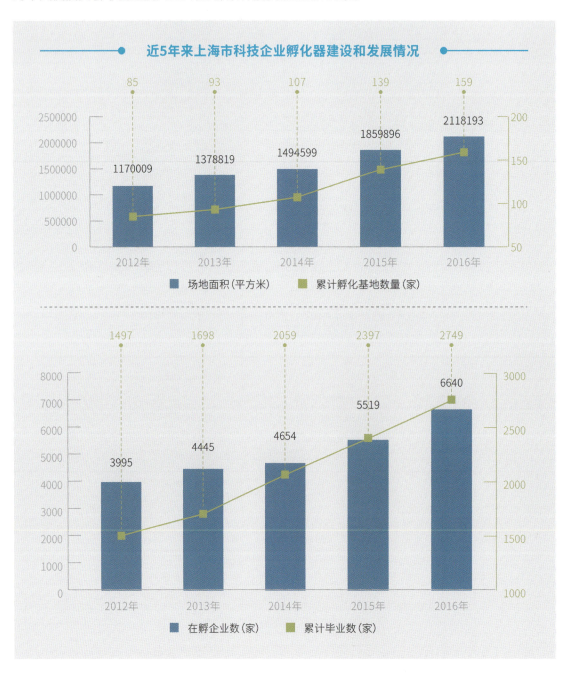

近5年来上海市科技企业孵化器建设和发展情况

图例:场地面积(平方米) 累计孵化基地数量(家)

图例:在孵企业数(家) 累计毕业数(家)

就业人数（人）　　上缴税金总额（万元）

上海社会力量支持创新创业的热情高涨，全市50%的孵化器为社会力量筹办。2016年新建的20家孵化器中，15家有民营资本参与建设。大院大所、大型国企的参与热情显著增加。本市部分重点实验室、工程技术研究中心向众创空间和创客开放研发资源，我国航天系统创办的首个创客空间"星天地"在上海开放运行，上海电信、上汽集团、上海建材集团、仪电集团、华谊集团等加快建设企业创新创业基地。

2016年，为适应"大众创业、万众创新"的新形势，上海修订完善了《上海科技企业孵化器认定管理办法》，将社会自发出现的各种形式的创新创业服务组织纳入孵化服务管理体系，引导成立了上海众创空间联盟，已集聚成员单位90余家，召开了上海众创空间大会，开展了多渠道媒体宣传，营造了创新创业氛围。

2016年上海市积极推进高新技术服务中心建设，全年新增8家国家级高新技术创业服务中心，累计达43家，在孵企业达到3211家。从国家级创业中心的地理分布来看，上海创新创业主要集中在高校密集区和张江高新区内。

上海国家级高新技术创业服务中心发展情况

类型	年份	2012年	2013年	2014年	2015年	2016年
国家级高新技术创业服务中心	新增（家）	5	3	2	7	8
	累计（家）	23	26	28	35	43
孵化面积	总计（万平方米）	51	62	65	76	72
孵化企业	当年新增（家）	196	597	686	639	868
	当年在孵（家）	1981	2187	2162	2553	3211
	当年毕业（家）	146	148	177	234	217

≫ 城市创新创业活力大幅提升

近年来,上海新设立企业数占比从"十二五"前三年的15%左右迅猛上升到2014—2016年的20%左右,显示城市的创新创业活力有了大幅度的提升。上海新注册市场主体的数量逐年增加:2014年27万户,2015年30万户,2016年达到35万户,意味着上海平均每天新设立企业约1000户,约占全国的10%。2016年,上海新设立企业比例为19.7%,与2015年持平。2016年底发布的《2016氪估值排行榜TOP200》涵盖了2013—2016三年内估值前200名的国内科技创业企业,其中上海企业占比22%,在全国仅次于北京。

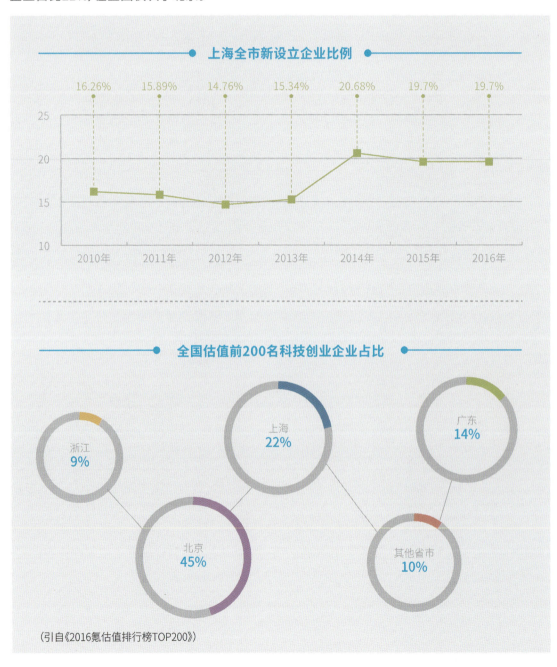

（引自《2016氪估值排行榜TOP200》）

上海市政府为创新创业提供了有利的扶持措施和机制。针对大学生创业融资难的问题，上海设立了大学生科技创业基金，提供创业"种子资金"、贷款担保、贴息等服务。截至2017年4月底，该基金已累计接受项目申请6168个，资助项目1692个，累计资助金额超过3亿元。此外，针对创业成本高问题，上海对初创期企业实行免收登记类、证照类、管理类行政收费，还提供场地房租、社会保险费等补贴，针对创业企业发展提供了"能力测评+创业培训+创业见习"的创业者能力提升体系。依托这一相对完善的扶持体系，近两年上海每年帮助1万多人成功创业，其中60%以上是高校毕业生。

2016年6月8日，"创业在上海"2016中国创新创业大赛启动。本次大赛联动了上海市16个区县、54家分赛点，发动了更多的科技园区、孵化器、创业组织共同参与。创业企业、团队参与热情高涨，共有6921家小微企业和团队参赛，是2015年的2.3倍，数量居各省市之首，占整个大赛的四分之一，其中37%为《关于加快建设具有全球影响力的科技创新中心的意见》发布后新成立的企业。2016年，中国创新创业大赛体现出了五大特点：

一是创业团队成熟度高，从创业人员年龄、学历分布看，30—40岁创业者最为集中，近90%创业者拥有本科及以上学历，白领创业成为主流，表明上海的"白领文化"正在向"创业文化"转变。

二是创业团队国际化程度高。2016年海归创业者和跨国公司溢出创业者合计占参赛总数的17.4%，超过五分之一的创业团队/企业负责人具有海外背景，20%创业团队成员具有留学经历。

三是创业项目科技含量高。参赛项目"硬科技"类（包括电子信息、新能源与节能环保、新材料、先进制造、生物医药等）占比66%，不少创业企业拥有前沿领域的核心技术，如高端芯片、机器人、石墨烯等。

四是创业企业集聚度高。从区域来看，浦东、闵行、嘉定、杨浦、徐汇等区创新创业活跃度明显较高，全市创新创业企业、团队主要集中在科创中心六大重要承载区，总体呈现出与区域资源、主导产业深度匹配的特点。

五是社会机构参与度高。2016中国创新创业大赛（上海赛区）集聚了各类众创空间、创投机构、新媒体等科技服务社会机构518家，是2015年参与机构数的2.7倍。大赛已成为汇聚创新创业资源的重要平台。

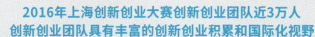

2016年上海创新创业大赛创新创业团队近3万人
创新创业团队具有丰富的创新创业积累和国际化视野

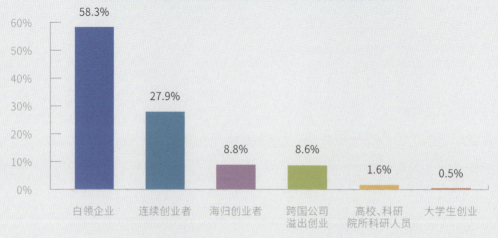

- 白领企业 58.3%
- 连续创业者 27.9%
- 海归创业者 8.8%
- 跨国公司溢出创业 8.6%
- 高校、科研院所科研人员 1.6%
- 大学生创业 0.5%

以高管为代表的高级白领占比10.8%；BAT和华为、中兴创业者占比1.7%

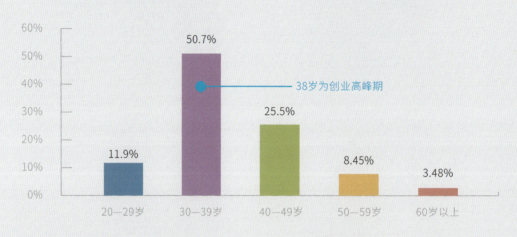

- 20—29岁 11.9%
- 30—39岁 50.7%
- 40—49岁 25.5%
- 50—59岁 8.45%
- 60岁以上 3.48%

38岁为创业高峰期

89.0%的参赛企业或团队负责人拥有本科及以上学历

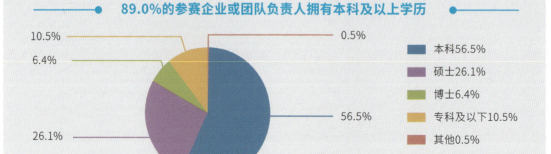

- 本科56.5%
- 硕士26.1%
- 博士6.4%
- 专科及以下10.5%
- 其他0.5%

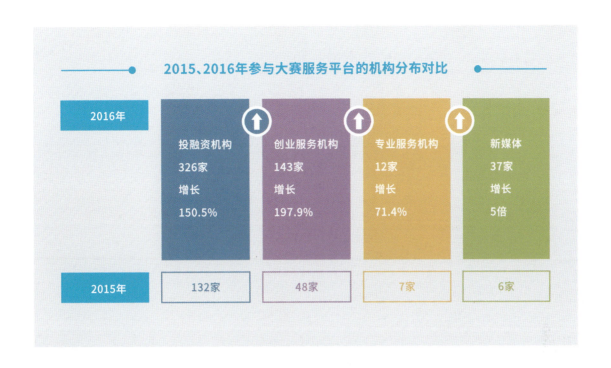

2015、2016年参与大赛服务平台的机构分布对比

| 2016年 | 投融资机构 326家 增长 150.5% | 创业服务机构 143家 增长 197.9% | 专业服务机构 12家 增长 71.4% | 新媒体 37家 增长 5倍 |
| 2015年 | 132家 | 48家 | 7家 | 6家 |

在关于上海近年来创新创业环境发展情况的调查中,总共约有三成受调查者认为上海创新创业环境比三年前有显著的提升,约五成受调查者认为上海创新创业环境与三年前相比有一定程度的改善。其中,上海的国际合作环境、创新服务环境和青年创新创业环境受到的评价最高。

上海创新创业环境发展调查结果

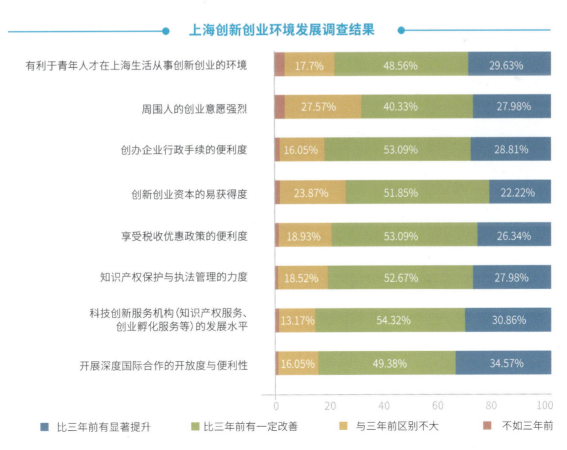

>> 创新创业人才吸引力进一步增强

2016年9月25日,上海正式出台了《关于进一步深化人才发展体制机制改革 加快推进具有全球影响力的科技创新中心建设的实施意见》(简称"人才30条")。2016年,上海还修订了《上海市优秀科技创新人才培育计划管理办法》,制定出台了《关于"双自"联动建设国际人才试验区的实施意见》,加大力度打造具有国际竞争优势的人才制度和创新创业人才集聚的战略高地。

2016年,上海市公民具备科学素质比例为19.97%,比2015年提升1.26%,居于全国领先地位,比全国平均水平约高出15个百分点。

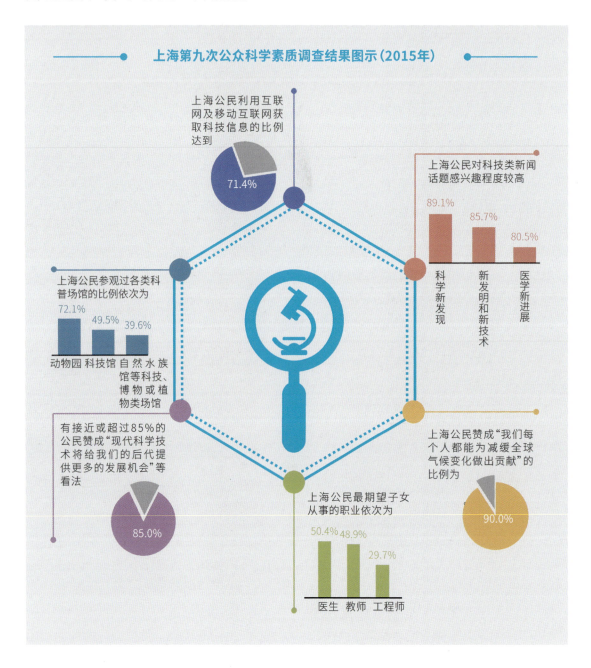

上海第九次公众科学素质调查结果图示(2015年)

上海公民利用互联网及移动互联网获取科技信息的比例达到 71.4%

上海公民对科技类新闻话题感兴趣程度较高 89.1% 85.7% 80.5% 科学新发现 新发明和新技术 医学新进展

上海公民参观过各类科普场馆的比例依次为 72.1% 49.5% 39.6% 动物园 科技馆 自然博物或植物类场馆 水族馆等科技、

有接近或超过85%的公民赞成"现代科学技术将给我们的后代提供更多的发展机会"等看法 85.0%

上海公民赞成"我们每个人都能为减缓全球气候变化做出贡献"的比例为 90.0%

上海公民最期望子女从事的职业依次为 50.4% 48.9% 29.7% 医生 教师 工程师

上海已成为外籍人员来华、海外留学人员回国工作和创业的首选城市。2016年,上海入境外国人659.83万人次,同比增长7.4%。截至2016年底,在沪外籍常住人口达到17.6万人,总量居全国第一。但上海外籍常住人口仍不到全市常住人口总量的1%,与纽约(30%)、伦敦(24%)、东京(15%)等发达国家大都市有明显差距。

　　市"人才30条"发布以来,海外创新人才进一步集聚。截至2017年6月底,全市共受理外籍高层次人才申请永久居留715人,符合条件的594名外籍高层次人才通过公安部审批已经拿到永居证。共新办海外人才居住证3255人,其中有效期5年以上的142人,有效期10年的15人。从2016年起,上海规模以上工业企业引进外籍人才已不再受60周岁以下的年龄限制。截至2017年6月底,全市共审批《外国人工作许可证》3378份,并为符合条件的外籍高层次人才发放5年期人才类居留推荐函196张,人才签证(R字签证)推荐函8张。上海还在全国率先开展了应届外籍高校毕业生留沪创新创业的探索,已为82名外国留学生办理外国人就业证。

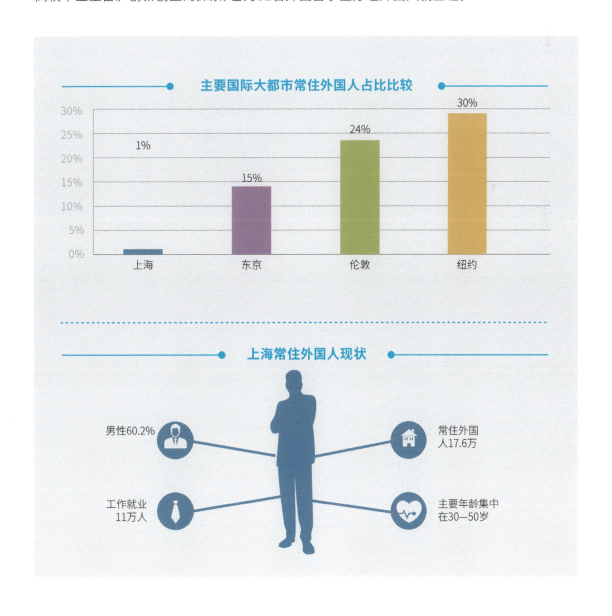

主要国际大都市常住外国人占比比较

上海常住外国人现状

男性60.2%

常住外国人17.6万

工作就业11万人

主要年龄集中在30—50岁

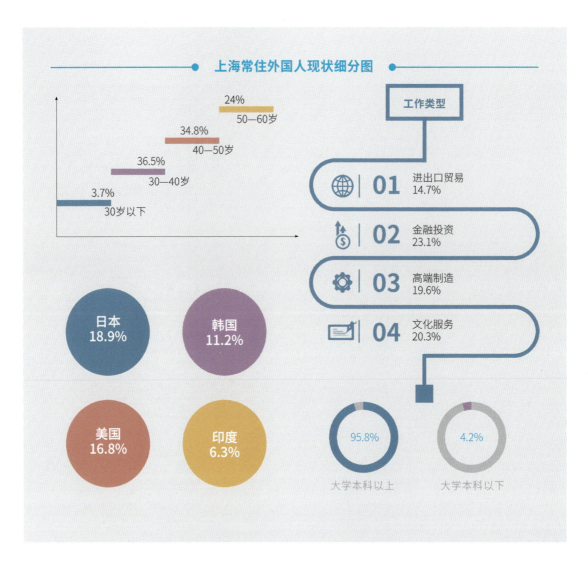

上海常住外国人现状细分图

24%
50—60岁

34.8%
40—50岁

36.5%
30—40岁

3.7%
30岁以下

工作类型

01 进出口贸易
14.7%

02 金融投资
23.1%

03 高端制造
19.6%

04 文化服务
20.3%

日本
18.9%

韩国
11.2%

美国
16.8%

印度
6.3%

95.8%
大学本科以上

4.2%
大学本科以下

在国内人才集聚方面，截至2017年6月底，上海居住证积分达标并通过审核近6400人，其中居住证积分直接赋予120分标准分4850余人，居转户由7年缩短为5年的有1270人，通过"创业人才、创新创业中介服务人才、风险投资管理运营人才、企业高级管理和科技技能人才、企业家"这五类人才绿色通道直接落户249人。

创业
人才

风险投资
管理运营
人才

人才绿色通道
直接落户
249人

企业高级
管理和科技
技能人才

创新创业
中介服务
人才

企业家

　　2016年11月1日起,根据《关于进一步深化人才发展体制机制改革　加快推进具有全球影响力的科技创新中心建设的实施意见》("人才30条")文件精神,"两证合一"试点工作率先在上海启动。11月4日,上海交大-巴黎高科卓越工程师学院法方院长卓尔清(Joaquim Nassar)成为本市首张《外国人工作许可证》的获得者。卓尔清感慨地说,随着"外国人工作许可证制度"的实施,整个来华工作的申请流程大为简化和便捷:"我感谢中国政府管理部门,一系列的利好政策吸引海外人才、各行各业的高级人才,对外国人来说,现在办理在中国工作的手续和流程非常快捷高效。"

≫ 城市环境更具魅力

　　2016年,上海全年环境空气质量指数(AQI)优良率为75.4%,较2015年上升了4.7个百分点,重度污染天数较2015年减少6天。2016年底,在全国主要城市中,上海固定宽带平均可用下载速率排名第一。2016年,上海成功举办了第三十三届"上海之春"国际音乐节、第十八届中国上海国际艺术节、第五届上海国际芭蕾舞比赛、首届上海艾萨克·斯特恩国际小提琴比赛、上海国际电影电视节、刘海粟美术馆新馆开馆、第四届市民文化节等重大文化活动,全年市民参与文化活动人数近2000万人次。在完全由外籍人士参与评选的引才引智中国城市榜"2016魅力中国——外籍人才眼中最具吸引力的中国城市"评选中,上海连续第5年获得第一名,在工作环境和生活环境评价中均拿到最高分,展现了高出一筹的城市吸引力。

上海环境空气质量指数优良率

年份	优良率
2010年	69.9%
2011年	70.1%
2012年	71.2%
2013年	66%
2014年	77%
2015年	70.7%
2016年	75.4%

2016年中国12个主要城市PM2.5年平均值(μg/m³)

香港	深圳	广州	南京	上海	武汉	杭州	重庆	西安	成都	沈阳	北京
29	34	48	48	52	57	61	61	70	71	72	73

各主要城市固定宽带平均可用下载速率

● 在直辖市和省会城市宽带速率排行榜上,上海、济南、福州、郑州、北京位居前五位

2016年
第四季度

上海	济南	福州	郑州	北京	武汉	长沙	石家庄	南京	合肥
14.03 Mbit/s	13.76 Mbit/s	13.15 Mbit/s	13.13 Mbit/s	12.93 Mbit/s	12.88 Mbit/s	12.78 Mbit/s	12.75 Mbit/s	12.69 Mbit/s	12.69 Mbit/s

各区忙闲时加权平均可用下载速率对比

● 宝山区位居首位,达到14.24Mbit/s;黄浦区14.09Mbit/s、虹口区13.99Mbit/s分别位列第二、第三
● 8个中心城区的加权平均值为13.73Mbit/s;8个郊区的加权平均值为13.36Mbit/s;中心城区和郊区的速率差距较上半年略有增加

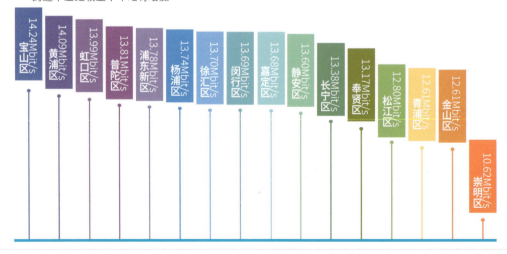

上海城市科普资源体系进一步丰富

2016年，上海全年新增4家专题性科普场馆，15家基础性科普教育基地，新建青少年科学创新实践工作站25个，实践点100个。截至2016年，上海已基本形成由2家综合性科普场馆为龙头，54家专题性科普场馆为骨干，267家基础性科普基地为支撑，社区创新屋、青少年科学创新实践工作站为补充，数量充足、类型多样、功能齐全的科普设施框架体系。全年科普信息库入库单位600余家，注册科普信息员超过千名，进库信息3.6万条。全年通过"两微一端"发布科普文章、资讯近2万条，固定栏目最高阅读量突破1560万，话题最高阅读量突破7亿。

全球最大天文馆在沪开工建设

2016年11月8日，上海天文馆在临港新城开工建设。上海天文馆总建筑面积超过3.8万平方米，包括一幢主体建筑，以及魔力太阳塔、青少年观测基地、大众天文台、餐厅等附属建筑。建成后的上海天文馆将成为全球建筑面积最大的天文馆。上海天文馆建筑方案体现了"天体"及"轨道运动"的概念，"圆洞天窗""倒置穹顶""球幕光环"等特色设计令建筑本身成为一台天文仪器。

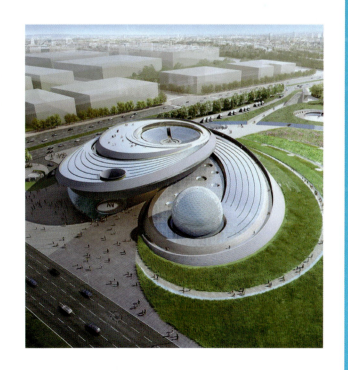

07

第七章

附录

- 指标解释
- 全球智库城市排名中上海的位置

>> 指标解释

01 全社会研发经费支出相当于GDP的比例

指全社会用于科学研究与试验发展活动的经费支出相当于地区生产总值的比例。该指标不仅是反映创新投入的指标，能够较好地评价一个地区科技创新能力和水平，实际上也是反映结构调整，衡量经济和科技结合、科技经济协调发展的重要指标。该指标在世界范围内得到普遍应用，具有很好的国际可比性，是《"十三五"国家科技创新规划》和《上海市"十三五"科技创新规划》的核心指标之一。

02 规模以上工业企业研发经费与主营业务收入比

规模以上工业企业研发经费与主营业务收入的比值（规模以上工业企业指年主营业务收入为2000万元及以上的工业法人单位），是用来衡量企业创新能力和创新投入水平的重要指标。该指标一方面反映了企业是否成为创新活动主体，另一方面直接影响到全国R&D经费投入强度。该指标也是《"十三五"国家科技创新规划》的核心指标之一。

03 主要劳动年龄人口中接受过高等教育人口的比重

指20—59岁常住人口中，接受过专科及以上教育人口的比重。该指标是衡量区域人口素质和人力资本水平的重要指标，也是《国家中长期教育改革和发展规划纲要(2010—2020年)》重要指标。

04 每万人R&D人员全时当量

R&D人员指从事研究与试验发展活动的人员，包括直接从事研究与试验发展课题活动的人员，以及研究院、所等从事科技行政管理、科技服务等工作人员。R&D人员全时当量是指从事R&D活动的人员中的全时人员折合全时工作量与所有非全时人员工作量之和，非全时人员按实际投入工作量进行累加。该指标是衡量一地区创新人力资本的重要指标之一，也是《"十三五"国家科技创新规划》和《上海市"十三五"科技创新规划》的重要指标。

05 基础研究占全社会研发经费支出比例

基础研究是指为获得新知识而进行的创造性研究，其目的是揭示观察到的现象和事实的基本原理和规律，而不以任何特定的实际应用为目的。其成果以科学论文和科学著作为主要形式。创新型国家的一个重要特征是基础研究占研发总投入的比例较高。国际主要创新型国家的这一指标大多在15%—30%左右。

06 创业投资及私募股权投资(VC/PE)总额

创业投资(VC)是指由职业金融家投入到新兴的、迅速发展的、有巨大竞争力的企业中的一种权益资本，是以高科技与知识为基础，生产与经营技术密集的创新产品或服务的投资。私募股权投资(PE)主要指创业投资后期，对已经形成一定规模的，并产生稳定现金流的成熟企业的私募股权投资部分。VC/PE投资对一个地区的创新创业发展具有重要作用。

07 国家级研发机构数量

国家级研发机构指本市范围内由国务院及国家各部委设立或审批确认的各类研发机构,包括国家级企业技术中心、国家级重点实验室、国家工程技术研究中心以及国家工程研究中心。国家级研发机构具有较强的研发水平和良好的科研溢出和引领带动作用,是科技创新非常重要的平台与载体,是反映地区科技创新基础的重要指标。

08 科研机构高校使用来自企业的研发资金

指科研机构和高校研发资金中来自于企业的资金额。该指标能够反映产学研合作的密切程度,体现企业在本市科技创新体系中的主体地位,且具有良好的国际可比性。

09 国际科技论文收录数

国际科技论文收录数是指被《科学引文索引》(SCI)、《工程索引》(EI)和《科技会议录引文索引》(CPCI-S,原ISTP)三大国际主流文献数据库收录的期刊论文和会议论文数量。国际科技论文收录数是反映本市高水平科技成果产出的重要指标。

10 国际科技论文被引用数

国际科技论文被引用数是指国际科技论文被其他论文引用的总次数。该指标能够反映出本市科研成果在国际学术界的影响力。

11 PCT专利申请量

国际专利(PCT)申请是指通过《专利合作条约》(PCT)途径提交的国际专利申请。该条约规定,一项国际专利申请在申请文件中指定的每个签字国都有与本国申请同等的效率。通过该条约,申请人只要提交一件专利申请,即可在多个国家同时要求对发明创造进行专利保护。PCT专利申请量也是《上海市"十三五"科技创新规划》的核心指标之一。

12 每万人口发明专利拥有量

每万人口发明专利拥有量是指每万人拥有经国内外知识产权行政部门授权且在有效期内的发明专利件数,该指标能够衡量一个地区所获得发明专利的价值和市场竞争力。该指标也是《"十三五"国家科技创新规划》《上海市"十三五"国民经济发展规划纲要》以及《上海市"十三五"科技创新规划》的核心指标之一。

13 国家级科技成果奖励占比

国家级科技成果奖励占比指本市所获国家自然科学奖、国家技术发明奖、国家科学技术进步奖等三类奖项总数在全国所占的比例。该指标反映了本市科技成果在全国的地位和贡献。

14 500强大学数量及排名合成指数

500强大学数量及排名是根据美国教育媒体USNews联合汤森路透发布的世界500强大学榜单中上海高校入围数量和排名综合合成的指数,主要反映本市大学教育和科研的综合水平。

15 全员劳动生产率

全员劳动生产率指根据产品的价值量指标计算的平均每一个从业人员在单位时间内的劳动生产量,该指标数据由地区生产总值除以同一时期全部从业人员的平均人数计算得到。该指标反映了全社会单位劳动所创造的价值,体现了区域社会生产力的综合发展水平。

16 信息、科技服务业营业收入亿元以上企业数量

信息服务业是利用计算机和通信网络等现代科学技术对信息进行生产、收集、处理、加工、存储、传输、检索和利用,并以信息产品为社会提供服务的行业。科技服务业是以技术和知识向社会提供服务的行业。信息服务业和科技服务业统计范畴包括我国国民经济行业分类(GB/T4754-2011)中行业门类为I、M的行业。信息服务业和科技服务业是第三产业中的重要门类,是知识经济时代高速发展的前沿产业领域。

17 知识密集型产业从业人员占全市从业人员比重

知识密集型产业指在生产过程中对技术和智力要素依赖显著超过对其他生产要素依赖的产业。包括知识密集型工业(高技术工业)和知识密集型服务业等。知识密集型产业从业人员在全市从业人员中所占的比重反映了本市知识经济的发展程度。

18 知识密集型服务业增加值占GDP比重

知识密集型服务业统计范畴包括我国国民经济行业分类(GB/T4754-2011)中的①信息传输、软件和信息技术服务业;②金融业;③租赁和商务服务业;④科学研究和技术服务业等4个行业。

19 战略性新兴产业增加值占GDP比重

战略性新兴产业是以重大技术突破和重大发展需求为基础,对经济社会全局和长远发展具有重大引领带动作用,知识技术密集、物质资源消耗少、成长潜力大、综合效益好的产业。现阶段重点培育和发展的战略性新兴产业包括节能环保、新一代信息技术、生物、高端装备制造、新能源、新材料、新能源汽车等产业。

20 技术合同成交金额

技术合同成交金额是指技术开发、技术转让、技术咨询和技术服务等四类技术合同的成交额。该指标体现了技术交易市场的活力,也反映了知识经济的发展水平。

21 每万元GDP能耗

每万元GDP能耗是指一定时期内,本市每万元生产总值所对应的能源消耗量。该指标反映了本市经济结构和能源利用效率的变化,体现了绿色发展的理念。

22 外资研发中心数量

外资研发中心指由境外组织、企业、个人在本市投资设立的独资或合资性质的各类研究开发机构,是提高创新要素跨境流动便利性,承担全球研发职能,加强与国内外科研院所和企业合作的重要载体。2015年10月,上海发布了《上海市鼓励外资研发中心发展的若干意见》

23 向国内外输出技术合同额占比

向国内外输出技术合同额占比指本市向国内外输出技术合同成交金额占各类技术合同成交总金额(包含本地技术合同成交金额、输出技术合同成交金额和引进技术合同成交金额)的比重。该指标体现了本地技术创新的对外辐射力。

24 高技术产品出口额占商品出口额比重

高技术产品是指符合国家和省级《高新技术产品目录》的全新型产品。包括计算机与通信技术、生命科学技术、电子技术、计算机集成制造技术、航空航天技术、光电技术、生物技术、材料技术和其他技术共9类产品。该指标体现了本市高技术产业领域的竞争力和产业转型升级的成效。

25 上海企业对外直接投资金额

企业对外投资是指企业在其本身经营的主要业务以外,以现金、实物、无形资产方式,或者以购买股票、债券等有价证券方式向境外的其他单位进行投资的经济行为。企业对外投资金额反映了本地企业的国际化水平,体现了在更广阔范围内的经济主导和掌控能力。

26 财富500强上海企业入围数及排名合成指数

财富500强企业上海本地企业入围数和排名是根据《财富》杂志每年发布的世界500强公司榜单中上海本地企业入围数量和排名综合合成的指数。该指标体现了上海本土龙头企业的国际地位和综合竞争力。

27 环境空气质量优良率

环境空气质量优良率指全年环境空气污染指数(API)达到二级和优于二级的天数占全年天数的百分比。空气质量已经成为影响区域生态环境、生活环境、工作环境和创新创业环境的重要因素。

28 研发费用加计扣除与高企税收减免额

研发费用加计扣除与高企税收减免额是指税务机关实际完成的对于本市企业研发费用加计扣除和高新技术企业所得税减免的数额。研发费用加计扣除是指依据《中华人民共和国企业所得税法》规定,企业开发新技术、新产品、新工艺发生的研究开发费用,可以在计算应纳税所得额时加计扣除。高企税收减免是指依据《高新技术企业认定管理办法》及《国家重点支持的高新技术领域》认定的高新技术企业,可以依照《企业所得税法》及其《实施条例》以及《中华人民共和国税收征收管理法》《中华人民共和国税收征收管理法实施细则》及地方有关规定享受税收减免。研发费用加计扣除与高企税收减免政策是具有代表性的与科技创新密切相关的税收政策。研发费用加计扣除与高企税收减免额这一指标反映了这两项税收减免政策的执行效果,也表征为企业营造了良好的政策环境。

29 公民科学素质水平达标率

公民科学素质水平达标率是指根据中国公民科学素质调查结果,本市公民具备科学素质的比例。公民科学素质是上海建设具有全球影响力的科技创新中心不可或缺的基础。

30 新设立企业数占比

新设立企业数占比指当年新设立企业数与上一年企业总数之比,是表征经济增长活力的重要指标。当新增企业相对集中于某一产业领域时,表明经济结构变化和市场成长的趋势特征。该指标也是《上海市"十三五"科技创新规划》指标。

31 在沪常住外国人口

外国常住人口是指实际上经常居住在一个地方(住所)的外国人口,一般在其住所居住半年以上。该指标能够体现城市的国际化发展程度。

32 固定宽带下载速率

固定宽带下载速率是指本市固定宽带网络平均下载速率,是智慧城市建设的重要指标。完善的信息技术设施在科技创新中心建设中具有不可或缺的基础性意义。

》全球智库城市排名中上海的位置

近年来，一些知名跨国企业和国际智库机构每隔1—2年发布全球城市创新能力和竞争力榜单，如英国普华永道的《机遇之都》、日本森纪念财团的《全球城市实力指数》、澳大利亚2thinknow智库的《全球创新城市指数》和美国科尔尼咨询公司的《全球城市指数》等。以相关榜单为依据，我们对2011—2016年间，上海、伦敦、巴黎、东京、纽约、旧金山、多伦多、新加坡、香港、北京、首尔、莫斯科等十二座全球主要大都市的排名变化进行了比较。

从相关榜单排名结果可见，纽约、伦敦、巴黎、东京等发达国家大都市处于全球创新城市一线地位。上海的创新能力和竞争力目前与领先城市相比仍有一定差距。

普华永道《机遇之都》

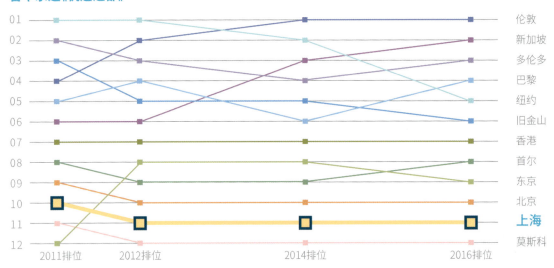

森纪念财团《全球城市实力指数》

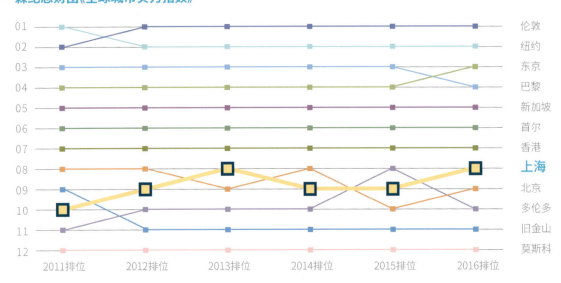

伦敦　　新加坡　　多伦多　　巴黎　　纽约　　旧金山

香港　　首尔　　东京　　北京　　上海　　莫斯科

2thinknow《全球创新城市指数》

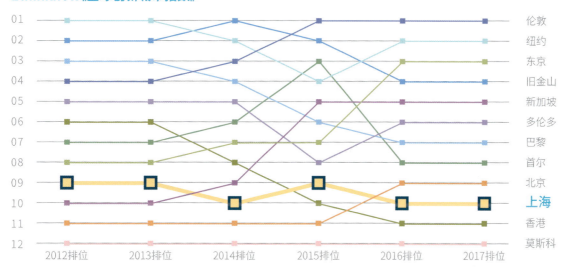

01 — 伦敦
02 — 纽约
03 — 东京
04 — 旧金山
05 — 新加坡
06 — 多伦多
07 — 巴黎
08 — 首尔
09 — 北京
10 — 上海
11 — 香港
12 — 莫斯科

2012排位　2013排位　2014排位　2015排位　2016排位　2017排位

科尔尼《全球城市指数》

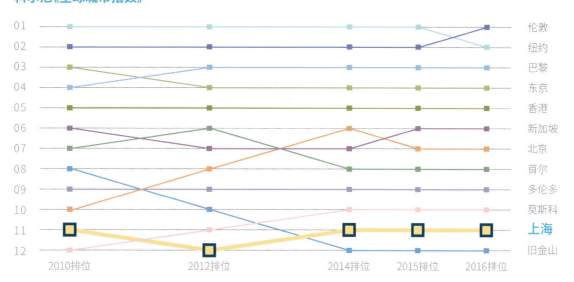

01 — 伦敦
02 — 纽约
03 — 巴黎
04 — 东京
05 — 香港
06 — 新加坡
07 — 北京
08 — 首尔
09 — 多伦多
10 — 莫斯科
11 — 上海
12 — 旧金山

2010排位　2012排位　2014排位　2015排位　2016排位

POSTSCRIPT
后记

《2017上海科技创新中心指数报告》研究编制组主要成员包括骆大进、李万、常静、王雪莹、张宓之、张宇、吴颖颖、祝侣、武雨婷、林国伟、张宇飞等。常静、王雪莹等负责撰写报告章节内容，骆大进、李万负责整体指导与全稿统筹。

在本期指数报告的研究编制过程中，王元研究员、玄兆辉研究员、杜德斌教授、徐美华教授级高工、缪其浩研究员等专家给予了悉心指导，并审阅了报告。报告的研究与编制还得到了上海市委组织部、上海市发改委、上海市统计局、上海市商委、上海市知识产权局、上海市科学技术情报所、上海研发公共服务平台管理中心、上海市技术市场办、上海市科技信息中心、上海交大知识竞争力与区域发展研究中心、上海社科院上海市科技统计与分析研究中心、上海美国商会、中国欧盟商会等相关部门和单位的大力支持，在此一并表示衷心感谢！

评价区域创新驱动发展水平，监测全球科创中心的成长，需要不断探索和深入研究。我们期待进一步汲取各界专家学者的宝贵意见，使上海科创中心指数年度系列报告不断成熟、完善，切实反映新趋势、新情况与新特征，共同见证上海加快向具有全球影响力的科技创新中心进军这一伟大历史进程。

"上海科技创新中心指数"研究编制组
2017年9月

图书在版编目（CIP）数据

2017上海科技创新中心指数报告 / 上海市科学学研
究所著. –– 上海：学林出版社，2018.6
　ISBN 978-7-5486-1409-8

Ⅰ.①2… Ⅱ.①上… Ⅲ.①科技中心—指数—研究
报告—上海—2017 Ⅳ.①G322.751

中国版本图书馆CIP数据核字(2018)第133578号

责任编辑　胡雅君
封面设计　魏　来

2017上海科技创新中心指数报告
上海市科学学研究所　著
出　　版　学林出版社
　　　　　（200235　上海钦州南路81号）
发　　行　上海人民出版社发行中心
　　　　　（200001　上海福建中路193号）
印　　刷　当纳利（上海）信息技术有限公司
开　　本　890×1240　1/16
印　　张　8.25
字　　数　12万
版　　次　2018年6月第1版
印　　次　2018年6月第1次印刷
ISBN 978-7-5486-1409-8/N · 3
定　　价　68.00元